Anoja Kurian

Fundamentos de Técnicas Moleculares: Do ADN à Genómica

Anoja Kurian

Fundamentos de Técnicas Moleculares: Do ADN à Genómica

Um guia completo de técnicas essenciais em biologia molecular

ScienciaScripts

Imprint

Any brand names and product names mentioned in this book are subject to trademark, brand or patent protection and are trademarks or registered trademarks of their respective holders. The use of brand names, product names, common names, trade names, product descriptions etc. even without a particular marking in this work is in no way to be construed to mean that such names may be regarded as unrestricted in respect of trademark and brand protection legislation and could thus be used by anyone.

Cover image: www.ingimage.com

This book is a translation from the original published under ISBN 978-620-6-77258-3.

Publisher:
Sciencia Scripts
is a trademark of
Dodo Books Indian Ocean Ltd. and OmniScriptum S.R.L publishing group

120 High Road, East Finchley, London, N2 9ED, United Kingdom
Str. Armeneasca 28/1, office 1, Chisinau MD-2012, Republic of Moldova, Europe
Printed at: see last page
ISBN: 978-620-7-91177-6

Copyright © Anoja Kurian
Copyright © 2024 Dodo Books Indian Ocean Ltd. and OmniScriptum S.R.L publishing group

CONTEÚDO

INTRODUÇÃO

A biologia molecular é um ramo da ciência que se centra nos fundamentos moleculares da atividade biológica. Este campo lida principalmente com as interacções entre vários sistemas de uma célula, incluindo a inter-relação entre o ADN, o ARN e a síntese e regulação de proteínas. A biologia molecular centrou-se inicialmente na análise das estruturas químicas e físicas de macromoléculas biológicas como os ácidos nucleicos e as proteínas. Os ácidos nucleicos, incluindo o ADN (ácido desoxirribonucleico) e o ARN (ácido ribonucleico), são polímeros constituídos por nucleótidos. As proteínas, por outro lado, são polímeros compostos por vários aminoácidos. O ADN é o material hereditário dos organismos, contendo as instruções necessárias para o desenvolvimento, funcionamento, crescimento e reprodução de todos os organismos vivos conhecidos e de muitos vírus. O ARN está envolvido em várias funções biológicas, incluindo a codificação, descodificação, regulação e expressão de genes. As proteínas são moléculas complexas que desempenham uma vasta gama de funções, desde a catalisação de reacções metabólicas até ao suporte estrutural de células e tecidos.

A biologia molecular combina princípios da genética e da bioquímica. A genética fornece conhecimentos sobre a forma como os genes são herdados e expressos, enquanto a bioquímica explica os processos químicos nos organismos vivos. Ao integrar estas disciplinas, a biologia molecular aborda os mecanismos moleculares que estão na base da função celular, da herança e da expressão da informação genética.

O ADN e o ARN contêm a informação genética que determina a estrutura primária das proteínas de um organismo. Por conseguinte, o estudo da relação entre os ácidos nucleicos e as proteínas pode fornecer informações sobre a função biológica dos genes. A biologia molecular procura compreender a estrutura, a função e as interacções destas macromoléculas essenciais que regem os processos vitais das células e dos organismos.

O significado da biologia molecular não pode ser exagerado, uma vez que tem implicações profundas em muitos domínios, incluindo a medicina, a genética, a biotecnologia e a biologia evolutiva. Eis algumas áreas-chave em que a biologia molecular desempenha um papel crucial:

A biologia molecular tem sido fundamental para identificar as mutações genéticas responsáveis por muitas doenças hereditárias. Ao compreender a base molecular destas doenças, os investigadores podem desenvolver terapias direccionadas e ferramentas de diagnóstico. Por exemplo, a identificação dos genes BRCA1 e BRCA2 tem sido crucial para compreender e gerir o risco de cancro da mama.

Estas técnicas conduziram ao desenvolvimento da medicina personalizada, em que os tratamentos podem ser adaptados à constituição genética de um indivíduo. Esta abordagem aumenta a eficácia e reduz os efeitos secundários dos tratamentos. A terapia genética, que envolve a correção de genes defeituosos responsáveis pelo desenvolvimento de doenças, é uma área promissora da medicina molecular.

Os princípios da biologia molecular são fundamentais para a biotecnologia, onde os organismos são modificados para produzir produtos úteis. Isto inclui a produção de insulina através da tecnologia de ADN recombinante, o desenvolvimento de culturas geneticamente modificadas com características melhoradas e a síntese de biocombustíveis. As técnicas de biologia molecular, como a recolha de impressões digitais de ADN, são utilizadas na ciência forense para identificar indivíduos envolvidos em casos criminais. Estes métodos fornecem meios altamente precisos de fazer corresponder amostras biológicas a indivíduos, ajudando na resolução de crimes e em processos legais. A compreensão da base molecular das características das plantas e dos animais permite o desenvolvimento de culturas e animais geneticamente modificados com características desejáveis. Isto inclui culturas resistentes a pragas, doenças e stress ambiental, o que pode melhorar significativamente a segurança alimentar. A biologia molecular também fornece ferramentas para estudar as relações genéticas entre as espécies, oferecendo conhecimentos sobre os processos evolutivos. Ao comparar sequências de ADN, os cientistas podem reconstruir histórias evolutivas e compreender os mecanismos da evolução.

A biologia molecular emprega uma variedade de técnicas especializadas para manipular e analisar o ADN, o ARN e as proteínas, que são essenciais para o avanço da investigação e das aplicações neste domínio. Uma das técnicas fundamentais é a Reação em Cadeia da Polimerase (PCR), que é utilizada para amplificar sequências de ADN específicas. Este método envolve ciclos repetidos de aquecimento e arrefecimento para desnaturar o ADN, ligar os primers e estender novas cadeias de ADN utilizando uma enzima ADN polimerase. O resultado é a amplificação exponencial da sequência de ADN alvo, tornando possível estudar genes em pormenor, diagnosticar doenças genéticas e identificar agentes patogénicos.

A eletroforese em gel é outra técnica fundamental que separa o ADN, o ARN ou as proteínas com base no seu tamanho e carga. Neste método, as amostras são colocadas numa matriz de gel e é aplicado um campo elétrico. As moléculas movem-se através do gel a diferentes velocidades, permitindo a sua separação e análise. Esta técnica é crucial para verificar o tamanho dos produtos de PCR, verificar a pureza dos ácidos nucleicos e analisar misturas de proteínas.

A sequenciação de ADN revolucionou a biologia molecular ao permitir aos cientistas determinar a sequência exacta de nucleótidos numa molécula de ADN. Esta tecnologia vai desde a sequenciação Sanger, adequada para projectos mais pequenos, até à sequenciação de nova geração (NGS), que pode sequenciar genomas inteiros de forma rápida e económica. A sequenciação fornece informações completas sobre o conteúdo genético, ajudando os investigadores a identificar mutações, a compreender as doenças genéticas e a explorar as relações evolutivas.

A clonagem envolve a criação de cópias de fragmentos de ADN e a sua inserção em organismos hospedeiros para estudar a função dos genes ou produzir proteínas. A clonagem molecular utiliza vectores, como os plasmídeos, para transportar o ADN de interesse para uma célula hospedeira, onde pode ser replicado ou expresso. Esta técnica é fundamental para a engenharia genética, a genómica funcional e a produção de proteínas recombinantes, incluindo a insulina e os anticorpos monoclonais.

O Western blotting é utilizado para detetar proteínas específicas numa amostra. Nesta técnica, as proteínas são primeiro separadas por eletroforese em gel e depois transferidas para uma membrana. São utilizados anticorpos específicos para se ligarem à proteína alvo e a presença desta proteína é detectada através de um anticorpo secundário que produz um sinal visível. O Western blotting fornece informações sobre os níveis de expressão, modificações e interacções das proteínas.

O CRISPR-Cas9 é uma poderosa tecnologia de edição do genoma que permite modificações precisas no ADN dos organismos vivos. Este sistema utiliza um ARN guia para direcionar a enzima Cas9 para um local específico do genoma, onde faz um corte. Os processos naturais de reparação da célula introduzem então alterações no local do corte, permitindo a inserção, a eliminação ou a modificação de genes. A CRISPR-Cas9 é utilizada na genómica funcional, na terapia genética e na criação de organismos geneticamente modificados.

Northern e Southern blotting são técnicas utilizadas para estudar o ARN e o ADN, respetivamente. Estes métodos envolvem a transferência de ácidos nucleicos de um gel para uma membrana e a deteção de sequências específicas com sondas marcadas. O Northern blotting é utilizado para estudar a expressão genética através da deteção de moléculas de ARN específicas, enquanto o Southern blotting é utilizado para analisar sequências de ADN e identificar mutações, rearranjos ou variações do número de cópias de genes.

A RT-PCR (PCR de transcrição reversa) é utilizada para estudar a expressão genética através da conversão de ARN em ADN complementar (cADN) utilizando transcriptase reversa, seguida da amplificação por PCR de sequências específicas de cADN. Esta técnica permite a quantificação dos níveis de ARN em diferentes tecidos ou sob várias condições, fornecendo informações sobre a regulação e os padrões de expressão dos genes.

A imunoprecipitação é uma técnica que utiliza anticorpos para isolar uma proteína específica de uma mistura complexa. O complexo anticorpo-proteína é capturado utilizando um suporte sólido, como esferas, e depois separado do resto da mistura. Este método é utilizado para estudar as interacções proteína-proteína, as modificações pós-traducionais e a identificação de complexos proteicos.

A hibridação in situ por fluorescência (FISH) utiliza sondas fluorescentes que se ligam a sequências específicas de ADN ou ARN nas células. Esta técnica permite a visualização da localização e abundância destas sequências, tornando-a útil para estudar padrões de expressão genética, anomalias cromossómicas e organização espacial dentro do núcleo.

Estas técnicas de biologia molecular permitem coletivamente aos investigadores explorar e manipular a maquinaria molecular da vida. Ao fornecerem informações pormenorizadas sobre a estrutura, função e interacções do ADN, ARN e proteínas, estes métodos conduzem a avanços na genética, biotecnologia, medicina e muitos outros domínios.

Nos próximos capítulos, iremos aprofundar as técnicas mais utilizadas em biologia molecular, explorando os seus princípios, aplicações e importância neste domínio. Estas técnicas são essenciais para manipular e analisar o ADN, o ARN e as proteínas, permitindo aos investigadores desvendar os mecanismos moleculares que regem os processos celulares e a regulação genética. Ao compreender estas técnicas, obtemos conhecimentos sobre a forma como contribuem para os avanços na investigação e aplicações práticas na medicina, biotecnologia e outras áreas.

EXTRACÇÃO DE ADN

As extracções de ADN genómico são essenciais para várias aplicações de biologia molecular, incluindo o código de barras de ADN, que é utilizado para a identificação de espécies e análise genética. Estas extracções podem ser realizadas numa variedade de tipos de amostras, incluindo amostras frescas, secas, degradadas ou mesmo fósseis. O processo envolve o isolamento do ADN do tecido de interesse, assegurando a sua qualidade e quantidade suficientes para aplicações a jusante. O método SDS (Dodecil Sulfato de Sódio) e o método CTAB (Brometo de Cetiltrimetilamónio) são ambos protocolos habitualmente utilizados para o isolamento de ADN, mas diferem significativamente nos seus mecanismos e aplicações.

O método SDS utiliza Dodecil Sulfato de Sódio, um detergente aniónico forte, para lisar as células e solubilizar os componentes celulares, incluindo lípidos e proteínas. Durante o processo de isolamento, o SDS rompe a membrana celular e o invólucro nuclear, libertando o ADN para a solução. As proteínas e outros detritos celulares são frequentemente removidos utilizando a extração com fenol-clorofórmio, que separa a fase aquosa (contendo ADN) da fase orgânica (contendo proteínas e lípidos). Este método é particularmente eficaz para isolar ADN de tecidos animais, bactérias e leveduras, onde o teor de proteínas pode ser relativamente elevado. O método SDS é simples e eficiente, produzindo ADN de alta qualidade adequado para várias aplicações a jusante, tais como PCR, clonagem e sequenciação. No entanto, a utilização de solventes orgânicos no método SDS exige um manuseamento e eliminação cuidadosos devido à sua natureza perigosa.

O método CTAB, por outro lado, foi especificamente concebido para tecidos vegetais, que contêm frequentemente níveis elevados de polissacáridos e metabolitos secundários que podem interferir com o isolamento do ADN e com as aplicações a jusante. O método CTAB, desenvolvido por Doyle e Doyle em

1987, é eficaz para espécimes frescos e secos e envolve várias etapas fundamentais para garantir um isolamento eficiente do ADN. O CTAB, um detergente catiónico, é utilizado para lisar células vegetais e precipitar polissacáridos, que são removidos juntamente com proteínas e outros contaminantes através de uma série de extracções de clorofórmio-álcool isoamílico. Este processo resulta na separação do ADN dos polissacáridos e de outras impurezas. O método CTAB é especialmente vantajoso para espécies vegetais com elevados níveis de polissacáridos ou polifenóis, uma vez que o CTAB se liga eficazmente a estes compostos, impedindo-os de contaminar o ADN. O ADN precipitado com CTAB é geralmente de elevada pureza, o que o torna adequado para aplicações como a construção de bibliotecas genómicas, códigos de barras de ADN e genotipagem.

Embora ambos os métodos tenham como objetivo o isolamento de ADN de alta qualidade, as suas aplicações e mecanismos respondem a diferentes tipos de amostras e a desafios específicos associados a essas amostras. A simplicidade e a ampla aplicabilidade do método SDS fazem dele uma escolha versátil para muitos tipos de células e tecidos, especialmente aqueles com elevado teor de proteínas. Em contrapartida, a abordagem especializada do método CTAB para o tratamento de contaminantes específicos das plantas torna-o indispensável para a biologia molecular das plantas.

O fenol : clorofórmio : álcool isoamílico é um reagente essencial utilizado na fase de purificação dos protocolos de isolamento do ADN, particularmente nos métodos SDS e CTAB. Esta mistura desempenha um papel fundamental na remoção de proteínas e outros contaminantes da solução aquosa que contém ADN. Quando a mistura de clorofórmio e álcool isoamílico é adicionada ao lisado, forma um sistema bifásico. As proteínas desnaturadas e outros contaminantes hidrofóbicos são solúveis na fase orgânica (clorofórmio), enquanto o ADN permanece na fase aquosa. O álcool isoamílico é incluído na mistura para reduzir a formação de espuma durante o processo de extração, o que ajuda a melhorar a separação das fases e facilita a recuperação da camada aquosa.

O processo começa com a adição de clorofórmio-álcool isoamílico ao lisado contendo ADN, seguido de uma mistura completa. Esta mistura é então centrifugada, levando à separação da solução em duas camadas distintas: a fase aquosa superior e a fase orgânica inferior. Também se observa uma camada interfásica com proteínas. A fase aquosa, que contém o ADN, é cuidadosamente transferida para um novo tubo, assegurando uma contaminação mínima da interface ou da fase orgânica. Este passo é frequentemente repetido para aumentar a pureza do ADN.

A utilização de clorofórmio-álcool isoamílico é essencial porque remove eficazmente proteínas e lípidos que poderiam inibir aplicações a jusante, como a PCR, a clonagem e a sequenciação. Além disso, este passo ajuda na remoção de polissacáridos e outros contaminantes, particularmente no método CTAB utilizado para tecidos vegetais. Ao assegurar que o ADN está isento de proteínas e outras impurezas, a extração com clorofórmio-álcool isoamílico melhora a qualidade e o rendimento do ADN isolado, tornando-o adequado para análises moleculares precisas e fiáveis.

O ADN é extraído das células utilizando métodos de rutura celular tão suaves quanto possível para evitar o cisalhamento mecânico e a fragmentação. Este processo é frequentemente realizado na presença de EDTA, que quelata os iões Mg2+ necessários para a atividade da DNase, evitando a degradação do ADN. A membrana celular deve ser solubilizada utilizando detergentes como o CTAB ou o SDS, tal como referido anteriormente. A rutura física, se necessária, deve ser mínima e envolver o corte ou esmagamento das células em vez da utilização de forças de cisalhamento. A rutura celular e a maioria das etapas subsequentes devem ser efectuadas a 4°C, utilizando material de vidro autoclavado e soluções para eliminar a atividade da DNase.

Depois de os ácidos nucleicos serem libertados das células, o ARN pode ser removido por tratamento com ribonuclease (RNase), que foi tratada termicamente para inativar quaisquer contaminantes de DNase. A RNase permanece estável após o tratamento térmico devido às suas ligações dissulfureto, que permitem uma rápida renaturação após arrefecimento. As proteínas, outro contaminante importante, são removidas agitando suavemente a solução com fenol saturado com água ou com uma mistura de fenol-clorofórmio-álcool isoamílico (25:24:1), que desnaturam as proteínas mas não os ácidos nucleicos. A centrifugação da emulsão formada por este processo produz uma fase orgânica inferior, separada da fase aquosa superior por uma interface de proteínas desnaturadas. A fase aquosa é recuperada e repetidamente desproteinizada até que não seja visível mais nenhum material na interface. Finalmente, a solução de ADN desproteinizada é misturada com dois volumes de etanol absoluto para precipitar o ADN num congelador. O etanol absoluto gelado precipita o ADN, criando condições em que as moléculas de ADN se tornam insolúveis e se agregam, formando um precipitado visível. Isto ocorre porque o ADN é menos solúvel em etanol frio e de alta concentração do que numa solução aquosa. A adição de isopropanol/etanol remove o invólucro de hidratação H_2O do fosfato e interage entre si e com as moléculas de etanol, levando à sua precipitação fora da solução. O acetato de sódio com pH 5,2 é normalmente utilizado para a precipitação do ácido nucleico juntamente com o etanol, o que ajuda a neutralizar as cargas na espinha dorsal do açúcar fosfato do ADN. A centrifugação subsequente permite que o ADN seja recolhido como um pellet, enquanto os contaminantes permanecem no sobrenadante. Após a centrifugação, o pellet de ADN é redissolvido num tampão que contém EDTA para inativar quaisquer DNases remanescentes. Esta solução de ADN pode ser armazenada a 4°C durante pelo menos um mês. Embora as soluções de ADN possam ser congeladas para armazenamento a longo prazo, a congelação e descongelação repetidas podem cisalhar moléculas de ADN longas.

Este procedimento é adequado para isolar o ADN celular total. Se for necessário o ADN de uma organela ou partícula viral específica, é preferível isolar a organela ou o vírus antes de extrair o seu ADN, uma vez que a recuperação de um determinado tipo de ADN de uma mistura pode ser difícil. Para requisitos de elevada pureza, o ADN pode ser submetido a ultracentrifugação com gradiente de densidade através de cloreto de césio, um método particularmente útil para a preparação de ADN plasmídico.

É possível verificar a integridade do ADN por eletroforese em gel de agarose. Os contaminantes podem também ser identificados por espetrofotometria UV de 200 a 300 nm. Um rácio de 260 nm: 280 nm de aproximadamente 1,8 indica que a amostra está isenta de contaminação por proteínas, que absorvem fortemente a 280 nm.

ISOLAMENTO DE ARN

Os métodos de isolamento de ARN, como o método Trizol ou o método GTC, são cruciais para a extração de ARN de alta qualidade de células ou tecidos para aplicações de biologia molecular a jusante. Ao contrário do ADN, as moléculas de ARN são relativamente curtas e susceptíveis de degradação por RNases, que podem estar presentes endogenamente em certos tipos de células ou exogenamente em superfícies como os dedos. Por conseguinte, o isolamento de ARN requer precauções rigorosas para preservar a integridade do ARN.

O método Trizol, uma técnica de extração de ARN amplamente utilizada, implica a utilização de um único reagente para desorganizar simultaneamente as células, desnaturar as proteínas e inativar as RNases. O Trizol (ou o seu equivalente, o reagente TRI) contém fenol e isotiocianato de guanidínio (GTC), que solubiliza simultaneamente o material biológico e desnatura as proteínas. O GTC é um potente inibidor da RNase e desnaturante de proteínas, assegurando a preservação do ARN. A partição de fase dos ácidos nucleicos durante a extração é influenciada pelo pH, afectando particularmente a forma como o ADN e o ARN se distribuem entre as fases aquosa e orgânica. A um pH de 4-6, proporcionado pelo fenol saturado com citrato, o ADN é retido na fase orgânica e na interface, enquanto o ARN permanece na fase aquosa. Para o isolamento do ADN, é necessário um pH de 7,5-8,0, e tanto o ADN como o ARN serão particionados na fase aquosa superior. Esta diferença na partição deve-se principalmente à solubilidade e estabilidade diferenciais do ADN e do ARN a diferentes níveis de pH, o que pode ser explicado examinando as propriedades destas moléculas e as suas interacções com os reagentes de extração. A um pH ácido, o ADN divide-se na fase orgânica, enquanto o ARN permanece na fase aquosa. As razões biofísicas para esta partição selectiva são complexas, mas envolvem principalmente o grupo 2'-hidroxilo no ARN. Este grupo aumenta a polaridade do ARN, tornando-o mais solúvel na fase aquosa com base no princípio "o semelhante dissolve o semelhante". Além disso, o grupo 2'-hidroxilo do ARN torna-o estável em condições ácidas, ao passo que em condições básicas pode ficar desprotonado, formando um anião 2'-alcoxido reativo que pode potencialmente desestabilizar a molécula.

A solubilização e extração com TRIzol é um método geral relativamente novo para desproteinizar o ARN. Esta técnica é especialmente benéfica em situações em que as células ou os tecidos têm níveis elevados de RNases endógenas ou quando a separação do ARN citoplasmático do ARN nuclear é impraticável. Após a solubilização, a adição de clorofórmio induz a separação de fases, semelhante à extração com fenol: clorofórmio: álcool isoamílico. Neste processo, as proteínas são extraídas para a fase orgânica, o ADN deposita-se na interface e o ARN permanece na fase aquosa. Isto permite a purificação de ARN, ADN e proteínas a partir de uma única amostra, o que é uma das razões pelas quais se chama TRIzol. Além disso, a extração com TRIzol é eficaz para isolar pequenos ARN, tais como microARN, ARN associados a piwis e pequenos ARN de interferência endógenos. No entanto, o TRIzol é dispendioso e a ressuspensão dos pellets de ARN pode ser difícil. Por conseguinte, a sua utilização não é recomendada quando é possível efetuar uma extração regular com fenol.

Após a lise celular, o ARN é separado do ADN e das proteínas por extração com fenol-clorofórmio e depois precipitado com isopropanol ou etanol. Este método é eficaz e adequado para vários tipos de amostras, incluindo células, tecidos e mesmo sangue.

A integridade de uma amostra de ARN pode ser avaliada submetendo-a a uma eletroforese em gel de agarose, em que as espécies de ARN mais predominantes, como 23S e 16S nos procariotas ou 18S e 28S nos eucariotas, são visualizadas como bandas distintas. A presença destas bandas indica a probabilidade de outros componentes de ARN estarem intactos. Normalmente, esta análise é efectuada em condições de desnaturação para evitar a formação de estruturas secundárias de ARN.

A eletroforese em gel de formaldeído é uma técnica utilizada para avaliar a integridade do ARN, separando as moléculas de ARN com base no tamanho. As amostras de ARN são desnaturadas com formaldeído para evitar a formação de estruturas secundárias, sendo depois separadas num gel de agarose. As espécies de ARN mais abundantes, como o ARN ribossómico (ARNr), aparecem como bandas distintas, indicando a presença de moléculas de ARN intactas. Este método permite aos investigadores avaliar a qualidade do ARN antes de prosseguir com as aplicações a jusante, garantindo resultados fiáveis.

A concentração do ARN pode ser estimada por espetrofotometria UV a 260 nm. Os contaminantes podem também ser identificados da mesma forma que para o ADN por espetrofotometria UV; no entanto, no caso do ARN, seria de esperar uma relação 260 nm:280 nm de aproximadamente 2 para uma amostra sem contaminação.

Ao contrário do isolamento do ADN, o isolamento do ARN requer medidas mais rigorosas para preservar a integridade do ARN devido à sua suscetibilidade à degradação das RNases. Embora ambos os métodos de isolamento de ADN e ARN envolvam a lise celular e a purificação de ácidos nucleicos, o isolamento de ARN envolve normalmente passos de desnaturação mais robustos para inativar as RNases e evitar a degradação do ARN. O tratamento com DEPC (pirocarbonato de dietilo) é normalmente utilizado para inativar as RNases através da modificação dos seus locais activos, garantindo a integridade das amostras de ARN durante o manuseamento e armazenamento. Além disso, os métodos de isolamento de ARN incluem frequentemente tratamentos para remover a contaminação por ADN, como a digestão com DNase, para garantir amostras de ARN puras para aplicações a jusante. Em geral, embora os princípios do isolamento de ácidos nucleicos sejam semelhantes para o ADN e o

ARN, os desafios e requisitos específicos do isolamento de ARN exigem métodos e precauções especializados para preservar a integridade e a qualidade do ARN.

A importância dos métodos de isolamento de ARN reside na sua capacidade de fornecer amostras de ARN de elevada qualidade para várias aplicações de biologia molecular, incluindo a análise da expressão genética, a sequenciação de ARN e os estudos funcionais. Estas técnicas permitem aos investigadores investigar os padrões de expressão dos genes, os mecanismos de regulação e as interacções ARN-proteínas, contribuindo para a nossa compreensão dos processos celulares e dos mecanismos das doenças.

REACÇÃO EM CADEIA DA POLIMERASE

A Reação em Cadeia da Polimerase (PCR) é uma técnica revolucionária em biologia molecular que permite a amplificação de sequências de ADN específicas, tornando possível gerar milhões de cópias de um determinado segmento de ADN a partir de uma pequena amostra inicial. Desenvolvida por Kary Mullis em 1983, a PCR tornou-se desde então uma ferramenta fundamental em genética, biologia molecular, ciência forense e diagnóstico médico devido à sua versatilidade, sensibilidade e especificidade. O princípio fundamental da PCR envolve a replicação do ADN in vitro, imitando o processo natural de replicação do ADN que ocorre nas células vivas.

A PCR é uma técnica poderosa e versátil que revolucionou a biologia molecular, permitindo a deteção, clonagem e análise de sequências de ADN específicas a partir de quantidades mínimas de material inicial. A metodologia da PCR envolve vários passos fundamentais, cada um realizado num termociclador que controla com precisão a temperatura em cada fase da reação. A metodologia da PCR inclui a preparação da mistura de reação.

Preparação da mistura de reação:

O primeiro passo da PCR é a preparação da mistura de reação. Esta mistura inclui o ADN modelo, que contém a sequência alvo a amplificar; dois iniciadores (iniciadores direto e inverso), sequências curtas de ADN de cadeia simples que são complementares às regiões que flanqueiam a sequência alvo; trifosfatos de desoxinucleósidos (dNTPs), os blocos de construção para a síntese de novas cadeias de ADN; uma enzima de ADN polimerase, normalmente a Taq polimerase, que é estável ao calor e pode suportar as altas temperaturas utilizadas na PCR; e uma solução tampão que fornece os iões e o pH necessários para a reação. Os iões de magnésio também estão incluídos, uma vez que são cofactores essenciais para a enzima DNA polimerase. As etapas da PCR incluem o seguinte:

1. Desnaturação:

A reação de PCR começa com o passo de desnaturação. A mistura de reação é aquecida a cerca de 94-98°C durante 20-30 segundos. Esta temperatura elevada faz com que o ADN de cadeia dupla se separe em cadeias simples, quebrando as ligações de hidrogénio entre as bases complementares. Este passo é crucial porque permite que os primers acedam aos modelos de ADN de cadeia simples.

2. Recozimento:

Após a desnaturação, a mistura de reação é arrefecida a uma temperatura entre 50-65°C durante 20-40 segundos. Esta temperatura é específica para os primers que estão a ser utilizados e é normalmente alguns graus inferior à sua temperatura de fusão (Tm). A Tm de um iniciador de PCR é a temperatura a que 50% dos complexos iniciador-modelo se dissociam em cadeias simples. É um fator essencial na conceção de primers de PCR porque influencia a temperatura de recozimento (Ta) utilizada no protocolo de PCR. A regra de Wallace é um método simplificado para estimar a temperatura de fusão (Tm) de oligonucleótidos de ADN curtos, em particular de primers de PCR. O seu nome vem do cientista que introduziu esta abordagem. A regra de Wallace fornece um cálculo rápido e direto da Tm com base na composição nucleotídica do iniciador. Para oligonucleótidos curtos (tipicamente menos de 20 nucleótidos), o Tm pode ser estimado utilizando a seguinte fórmula:

$$Tm\ (°C) = 2(A+T)+4(G+C)$$

Onde:

A é o número de bases da adenina. T é o número de bases de timina. G é o número de bases da guanina. C é o número de bases da citosina.

Adenina (A) e Timina (T): Cada par de bases A-T contribui com aproximadamente 2°C para a Tm.

Guanina (G) e citosina (C): Cada par de bases G-C contribui com aproximadamente 4°C para a Tm devido à ligação de hidrogénio mais forte (três ligações de hidrogénio para pares G-C em comparação com duas para pares A-T).

Durante o passo de recozimento, os primers ligam-se ou recozem às suas sequências complementares nos modelos de ADN de cadeia simples. A conceção correcta dos primers é essencial para garantir a especificidade e a eficiência da ligação às sequências alvo.

3. Extensão:

O passo final do ciclo de PCR é a extensão ou alongamento, em que a temperatura é aumentada para cerca de 72°C, que é a temperatura óptima para a atividade da Taq polimerase. Durante este passo, a enzima ADN polimerase sintetiza novas cadeias de ADN adicionando dNTPs às extremidades 3' dos primers, estendendo a sequência de ADN na direção da sequência alvo. A duração deste passo depende do comprimento do fragmento de ADN que está a ser amplificado, normalmente 1 minuto por quilobase de ADN.

Andar de bicicleta:

As etapas de desnaturação, recozimento e extensão são repetidas durante 25-35 ciclos. Cada ciclo duplica a quantidade de ADN alvo, conduzindo a uma amplificação exponencial da sequência de ADN específica. O número de ciclos necessários depende da quantidade inicial de ADN modelo e da quantidade desejada de produto amplificado. Após o último ciclo, é normalmente realizado um passo de extensão final incubando a mistura de reação a 72°C durante 5-10 minutos. Isto assegura que qualquer ADN de cadeia simples remanescente é totalmente estendido e que todas as novas cadeias de ADN são completamente sintetizadas.

Quando a PCR estiver concluída, a mistura de reação é arrefecida a 4°C ou à temperatura ambiente. O ADN amplificado, também conhecido como produto da PCR ou amplicon, pode então ser analisado utilizando várias técnicas como a eletroforese em gel, que permite a visualização dos fragmentos de ADN para confirmar o sucesso da amplificação. Até agora, falámos sobre as técnicas básicas de PCR. Mas a PCR é de vários tipos. De acordo com a utilização, temos de selecionar o tipo de PCR.

A Reação em Cadeia da Polimerase (PCR) evoluiu de modo a abranger vários tipos e modificações para satisfazer diversas necessidades científicas, de diagnóstico e de investigação. Os diferentes tipos de PCR respondem a desafios específicos, melhoram determinadas capacidades e permitem uma gama mais vasta de aplicações.

A PCR padrão é o método fundamental utilizado para amplificar o ADN para uma variedade de análises, incluindo técnicas de biologia molecular, clonagem e sequenciação. Este método foi abordado anteriormente neste capítulo.

A PCR em tempo real (qPCR) quantifica o ADN ou o ARN em tempo real, fornecendo uma medição precisa das concentrações de ácido nucleico numa amostra, o que é fundamental para estudos de expressão genética, diagnósticos e quantificação de cargas virais. A marcação fluorescente desempenha um papel fundamental na quantificação de dados em tempo real durante os procedimentos de PCR quantitativa (qPCR). Esta tecnologia oferece inúmeras vantagens devido à vasta gama de técnicas e produtos químicos que engloba.

Na qPCR baseada em corantes, a marcação fluorescente utiliza um corante de ligação ao ADN de cadeia dupla, que emite normalmente uma fluorescência verde. Este corante permite a medição de moléculas de ADN amplificadas, sendo a fluorescência monitorizada ao longo de cada ciclo. O aumento do sinal de fluorescência corresponde à quantidade de ADN duplicado, permitindo a medição em tempo real da amplificação do ADN. No entanto, a qPCR baseada em corantes está limitada à análise de um único alvo de cada vez, e qualquer ADN de cadeia dupla presente na amostra pode ligar-se ao corante.

Em contrapartida, a qPCR baseada em sondas permite a deteção simultânea de múltiplos alvos em cada amostra. Este método requer a conceção e a utilização de sondas específicas do alvo, para além dos iniciadores. Entre as várias concepções de sondas, as sondas de hidrólise, que integram um fluoróforo com um supressor, são normalmente utilizadas. Inicialmente, a transferência de energia de ressonância de fluorescência (FRET) entre o fluoróforo e o supressor suprime a emissão de fluorescência enquanto a sonda permanece intacta. No entanto, durante a extensão do iniciador e a amplificação da sequência específica a que está ligada, a sonda sofre hidrólise. Esta clivagem da sonda conduz a um aumento da fluorescência dependente da amplificação, uma vez que o fluoróforo é libertado do supressor.

Consequentemente, o sinal de fluorescência gerado na qPCR com base em sondas está diretamente correlacionado com a quantidade da sequência alvo presente na amostra. Devido à sua maior precisão em comparação com a qPCR baseada em corantes, a qPCR baseada em sondas é frequentemente preferida em ensaios de diagnóstico baseados em qPCR.

A PCR de transcrição reversa (RT-PCR) amplifica o ARN convertendo-o em ADN complementar (cDNA), o que a torna essencial para o estudo da expressão genética e para a deteção de ARN viral. A Reação em Cadeia da Polimerase de Transcrição Reversa, vulgarmente designada por RT-PCR, é uma técnica de biologia molecular altamente eficaz que funde os processos de transcrição reversa e de reação em cadeia da polimerase. Este método foi concebido para analisar e amplificar moléculas de ARN, convertendo-as em ADN complementar (cDNA) para posterior exame.

O processo começa com a transcrição reversa, em que a enzima transcriptase reversa sintetiza uma cadeia de ADN complementar (cDNA) a partir de uma molécula de ARN de cadeia simples. Esta conversão é essencial porque muitos processos biológicos, como a expressão genética e a replicação viral, envolvem ARN. Ao converter o ARN em ARNc, os investigadores podem estudar mais facilmente estes processos. Uma vez isolado o ARN, este é submetido a uma etapa de transcrição reversa, na qual é utilizada a enzima transcriptase reversa. Esta enzima sintetiza uma cadeia de ADN complementar (cDNA) utilizando o ARN como modelo. O processo de transcrição reversa começa com a ligação de um iniciador ao modelo de ARN. Podem ser utilizados vários tipos de primers: primers oligo (dT), que se ligam à cauda poli-A do ARNm; primers de hexâmeros aleatórios, que se ligam em locais aleatórios ao longo do ARN; ou primers específicos do gene, que são concebidos para se ligarem a sequências específicas no ARN de interesse. Depois de o iniciador se ligar ao ARN, a transcriptase reversa prolonga o iniciador adicionando nucleótidos de ADN complementares para sintetizar a cadeia de ADNc. Esta reação ocorre tipicamente a uma temperatura óptima para a enzima transcriptase reversa, frequentemente cerca de 37-50°C, dependendo da enzima específica utilizada. O cDNA resultante é de cadeia simples e complementar ao modelo de ARN original. O híbrido cDNA-RNA resultante é então tratado com RNase H para degradar a cadeia de RNA. Subsequentemente, a síntese da segunda cadeia de ADN é efectuada por uma ADN polimerase dependente do ADN, utilizando um iniciador oligo (dA) para iniciar este processo. Em alguns protocolos, é sintetizada uma segunda cadeia de ADN para criar ADNc de cadeia dupla, embora o ADNc de cadeia simples seja frequentemente suficiente para a maioria das aplicações a jusante, como a amplificação por PCR.

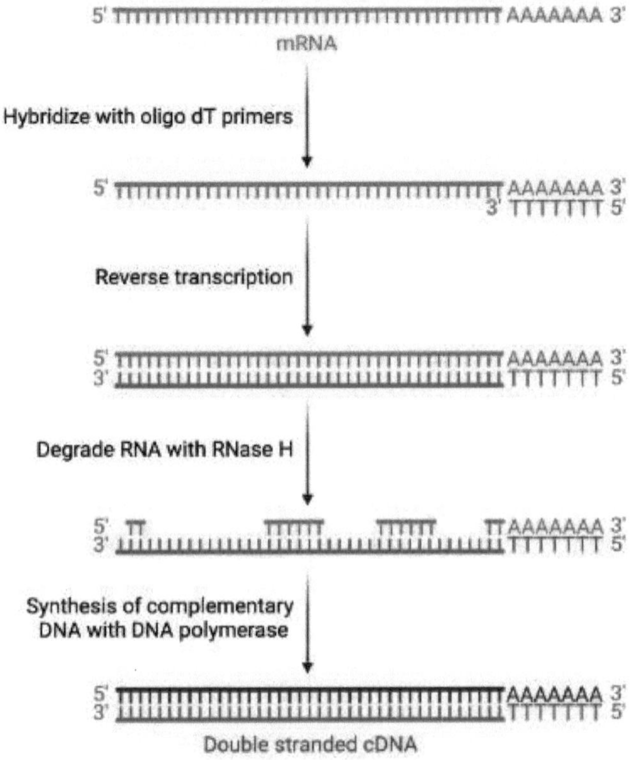

síntese de cDNA

Uma vez sintetizado o cDNA, a reação em cadeia da polimerase é utilizada para amplificar sequências-alvo específicas. Isto envolve ciclos repetidos de aquecimento e arrefecimento da mistura de reação. Durante o passo de aquecimento (desnaturação), as cadeias de ADN separam-se, formando modelos de cadeia simples. Na fase de arrefecimento (recozimento), primers curtos de ADN concebidos para se ligarem às sequências-alvo de cADN ligam-se a estes modelos. Uma enzima DNA polimerase estável ao calor estende então os primers adicionando nucleótidos complementares, sintetizando novas cadeias de DNA.

O resultado da RT-PCR é uma quantidade amplificada de cDNA a partir da

23

amostra de ARN original, permitindo aos investigadores estudar os níveis de expressão genética, detetar infecções virais, analisar sequências de ARN e muito mais. A RT-PCR tornou-se inestimável em vários domínios, desde o diagnóstico médico, como a deteção de doenças como a COVID-19, até à investigação em biologia molecular, onde ajuda a explorar a função e a regulação dos genes. A sua capacidade de converter ARN em ADN e, subsequentemente, amplificar sequências específicas estabeleceu a RT-PCR como uma ferramenta essencial na biologia molecular moderna.

A PCR multiplex permite a amplificação simultânea de múltiplos alvos numa única reação, aumentando a eficiência e permitindo a deteção simultânea de múltiplos genes, agentes patogénicos ou marcadores genéticos, poupando assim tempo e recursos. O princípio fundamental da PCR multiplex reside na conceção de vários pares de primers, cada um específico para uma sequência-alvo diferente de interesse. Estes primers são cuidadosamente concebidos para terem sequências únicas que correspondem às respectivas regiões alvo. Além disso, os primers devem ter temperaturas de recozimento semelhantes para garantir a amplificação eficiente de todos os alvos na mesma reação. No entanto, a conceção de primers para PCR multiplex requer uma análise cuidadosa para garantir a especificidade e a eficiência, especialmente quando se trata de sequências alvo estreitamente relacionadas.

A PCR aninhada aumenta a especificidade e a sensibilidade através da utilização de dois conjuntos de iniciadores em séries sucessivas, o que é útil para detetar alvos de baixa abundância e reduzir a amplificação não específica, crucial na deteção de agentes patogénicos ou na identificação de mutações raras. A PCR aninhada envolve a utilização de dois pares de iniciadores para atingir um único locus. O primeiro par amplifica o fragmento alvo numa reação de PCR convencional, enquanto o segundo par se liga a locais dentro do primeiro amplicon e amplifica uma sequência interna mais curta. A conceção de primers adequados requer o conhecimento da sequência completa do produto de amplificação.

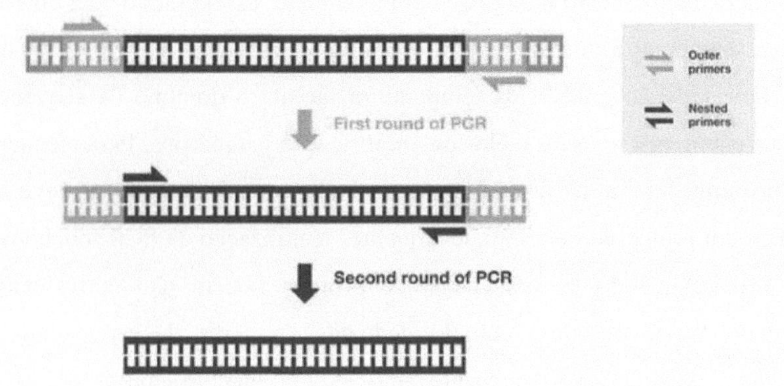

Primers utilizados na Nested PCR

O objetivo da PCR aninhada é aumentar a sensibilidade do ensaio através da reamplificação do alvo a partir de um modelo previamente enriquecido pela primeira PCR. É pouco provável que as sequências não-alvo amplificadas de forma não específica na primeira PCR sejam reamplificadas na segunda reação, uma vez que não possuem os locais de priming internos visados pela segunda PCR. No entanto, o risco de contaminação aumenta com a PCR aninhada devido à possível contaminação por transferência dos produtos da PCR, o que exige precauções cuidadosas durante a execução.

A PCR com reação descendente diminui gradualmente a temperatura de recozimento ao longo de ciclos sucessivos para aumentar a especificidade, permitindo inicialmente apenas os eventos de ligação mais específicos, reduzindo assim a amplificação não específica. A PCR com redução de temperatura é uma técnica utilizada para aumentar a especificidade das reacções de PCR, reduzindo a ligação fora do alvo. Inicialmente, a temperatura de recozimento é definida 5°C-10°C acima da temperatura de fusão calculada (Tm) dos primers. Este elevado rigor promove a formação de híbridos precisos entre o iniciador e o modelo. Os ciclos subsequentes diminuem gradualmente a temperatura de recozimento num pequeno incremento, assegurando que, no final da PCR, a temperatura de recozimento é 2°C-5°C inferior à Tm calculada dos primers. Esta redução gradual da temperatura facilita o domínio da sequência alvo, que é submetida a vários ciclos de amplificação geométrica. Para atenuar o erro de priming durante as fases iniciais da PCR, a PCR touchdown deve ser associada a um protocolo de arranque a quente. A utilização da PCR touchdown torna-se crucial quando as sequências de primers podem não corresponder perfeitamente ao alvo, como quando deduzidas a partir de sequências de aminoácidos, quando estão presentes no ADN modelo múltiplos alvos estreitamente relacionados ou quando o ADN alvo difere em espécie do desenho dos primers.

A PCR de arranque a quente melhora a especificidade e o rendimento utilizando uma polimerase de ADN activada pelo calor que impede a extensão prematura do iniciador a temperaturas mais baixas durante a configuração inicial da PCR. A PCR de arranque a quente é uma versão avançada da técnica tradicional de reação em cadeia da polimerase (PCR), destinada a melhorar a especificidade e a eficiência da amplificação do ADN. Esta modificação aborda um problema comum na PCR padrão, em que pode ocorrer uma amplificação não específica devido à ativação prematura da enzima ADN polimerase durante as fases iniciais da preparação da reação. Esta ativação prematura pode levar à produção de produtos indesejados, reduzindo assim a especificidade global. A PCR de arranque a quente impede que a polimerase do ADN esteja ativa a baixas temperaturas, particularmente durante a preparação inicial e os primeiros passos de aquecimento do processo de PCR, para evitar a amplificação não específica e aumentar a amplificação da sequência alvo pretendida. Esta técnica é especialmente benéfica quando se trabalha com modelos de ADN complexos ou amostras que contêm quantidades vestigiais de ADN alvo. As principais vantagens da PCR de arranque a quente são a melhoria da especificidade, o aumento da sensibilidade e a redução da necessidade de otimização. Existem vários métodos para implementar a PCR de arranque a quente:

a.   Separação física: Uma abordagem consiste em separar fisicamente a DNA polimerase do modelo de DNA e dos primers durante a preparação inicial. Isto pode ser conseguido utilizando polimerases de ADN modificadas ou técnicas baseadas em anticorpos. Por exemplo, um anticorpo pode inibir a atividade da polimerase até a reação ser aquecida, altura em que o anticorpo desnatura, permitindo que a polimerase se torne ativa.

b.   Modificação química: Outro método envolve a modificação química da enzima DNA polimerase para a tornar inativa a temperaturas mais baixas. À medida que a temperatura da reação aumenta durante os passos iniciais de aquecimento, estas modificações são removidas, activando a enzima para a amplificação do ADN.

c.   Taq Polimerase de Arranque Quente: Algumas DNA polimerases comerciais são concebidas para serem inactivas à temperatura ambiente ou inferior, mas tornam-se activas a temperaturas mais elevadas. Estas enzimas especializadas, conhecidas como "Taq Polimerases de arranque a quente", utilizam a inibição mediada por anticorpos, modificações químicas reversíveis ou outros mecanismos para impedir a sua atividade até que a reação atinja a temperatura adequada.

A PCR ancorada amplifica sequências desconhecidas nas extremidades de sequências conhecidas utilizando adaptadores, permitindo a amplificação e a identificação de sequências com regiões flanqueadoras desconhecidas, auxiliando no percurso do genoma e na identificação de locais de inserção. É um método concebido para amplificar e clonar sequências que têm extremidades 5' ou 3' desconhecidas. Esta técnica envolve a utilização de uma sequência interna conhecida no ADN alvo, designada por "sequência âncora", juntamente com um iniciador específico para a região conhecida. Uma extremidade do ADN alvo é ligada a um iniciador de oligonucleótido conhecido, permitindo que a amplificação prossiga na direção da região desconhecida. As rondas subsequentes de amplificação por PCR utilizando iniciadores aninhados, que se ligam às cadeias de ADN recém-sintetizadas, permitem a extensão da sequência para a região desconhecida. Ao amplificar e clonar iterativamente segmentos do ADN alvo desta forma, a sequência completa pode ser elucidada, mesmo quando as extremidades são inicialmente desconhecidas. A Anchored-PCR fornece assim um meio poderoso para explorar e clonar sequências com extremidades ambíguas, facilitando o estudo de elementos genéticos com limites ou origens pouco claros.

A PCR de alta fidelidade consegue uma amplificação de ADN altamente precisa, o que é fundamental para aplicações que requerem sequências de ADN precisas, como a clonagem para expressão de proteínas, mutagénese e sequenciação.

A PCR longa é necessária para amplificar grandes segmentos de ADN, como genes inteiros ou operões, que a PCR padrão não pode tratar eficazmente devido a limitações da polimerase.

A PCR assimétrica amplifica preferencialmente uma cadeia de ADN, utilizada para gerar sondas de ADN de cadeia simples e em alguns protocolos de sequenciação.

A PCR digital (dPCR) permite a quantificação absoluta de moléculas de ADN ou ARN através da partição da amostra em muitas reacções de PCR individuais, oferecendo uma quantificação altamente sensível e precisa, importante para a deteção de alvos de baixa abundância, mutações raras e variações do número de cópias.

A PCR inversa amplifica sequências de ADN que flanqueiam uma sequência conhecida, útil para identificar e caraterizar sequências desconhecidas adjacentes a regiões de ADN conhecidas, frequentemente utilizadas em estudos genómicos.

A PCR alelo-específica discrimina entre alelos que diferem por polimorfismos de nucleótido único (SNP), o que é importante para a genotipagem, deteção de mutações e estudo de variações genéticas ligadas a doenças.

A PCR de transcrição reversa quantitativa (qRT-PCR) quantifica os níveis de ARN em tempo real, combinando as capacidades da RT-PCR e da qPCR, o que a torna essencial para estudar a dinâmica da expressão genética e monitorizar as cargas virais.

A PCR de colónia é um método de PCR direto que simplifica e acelera o rastreio de construções clonadas, eliminando a necessidade de isolamento de ADN e digestão de restrição. Esta abordagem oferece uma solução rápida, direta e económica para a avaliação de clones.

Estas técnicas variadas de PCR expandem o conjunto de ferramentas disponíveis para cientistas e clínicos, permitindo abordagens adaptadas a desafios e aplicações específicos, tornando assim a PCR uma técnica indispensável na biologia molecular moderna, no diagnóstico e na investigação.

TÉCNICAS DE HIBRIDAÇÃO

Os métodos de hibridação são amplamente utilizados em biologia molecular para identificar sequências específicas (alvos) em misturas complexas de moléculas de ADN ou ARN. Normalmente, as amostras de ADN ou ARN são transferidas e fixadas em nitrocelulose ou, mais frequentemente, em membranas de nylon. São então introduzidas sondas complementares de cadeia simples, marcadas radioactivamente ou não radioactivamente. Estas sondas formam ligações de hidrogénio com as suas sequências-alvo complementares quando hibridizadas na membrana. Posteriormente, qualquer sonda não hibridizada é removida por lavagem, deixando para trás complexos sonda-alvo especificamente ligados. Estes complexos podem ser detectados por autorradiografia ou reacções coloridas.

As técnicas de biologia molecular, como Southern blotting e Northern blotting, PCR e diversos métodos de sequenciação de ADN, baseiam-se na hibridação. O Southern blotting detecta sequências de ADN específicas, o Northern blotting identifica sequências de ARN, a PCR amplifica segmentos de ADN e a sequenciação de ADN determina a ordem dos nucleótidos nas moléculas de ADN. Estas técnicas são fundamentais na investigação genética, nos estudos de expressão genética e na análise genómica.

Edwin Southern introduziu a técnica de Southern blotting em 1975 como forma de identificar sequências de ADN específicas em amostras de ADN. As técnicas subsequentes derivadas deste método incluem o Northern blotting (para ARN), Western blotting (para proteínas), Eastern blotting (para modificações pós-traducionais de proteínas) e South-western blotting (para interacções ADN-proteínas).

COLORAÇÃO A SUL

O Southern blotting é uma técnica laboratorial utilizada para detetar sequências de ADN específicas numa amostra. Em primeiro lugar, a amostra de ADN é digerida com enzimas de restrição para produzir fragmentos de ADN de vários tamanhos. Estes fragmentos são depois separados por tamanho através de eletroforese em gel, sendo que os fragmentos mais pequenos migram mais rapidamente através do gel do que os maiores. A desnaturação num ambiente alcalino pode aumentar a interação entre os resíduos de timina de carga negativa do ADN e os grupos amino de carga positiva da membrana, facilitando a separação do ADN em cadeias simples. Isto prepara o ADN para a hibridação subsequente com a sonda. Além disso, elimina eficazmente qualquer ARN remanescente que possa estar presente na amostra de ADN. Após a eletroforese, os fragmentos de ADN são transferidos do gel para uma membrana de suporte sólido, normalmente feita de nitrocelulose ou nylon. Este processo de transferência preserva a disposição espacial dos fragmentos de ADN do gel para a membrana. A membrana é então tratada com uma sonda de ADN marcada com um marcador radioativo, fluorescente ou químico, que é complementar à sequência de ADN alvo. A sonda hibridiza especificamente com os fragmentos de ADN complementares na membrana. O excesso de sonda é removido por lavagem e a membrana é exposta a um sistema de imagiologia para visualizar a sonda ligada. Este marcador permite a visualização de quaisquer fragmentos de ADN que contenham sequências complementares à sonda de ADN no Southern blot.

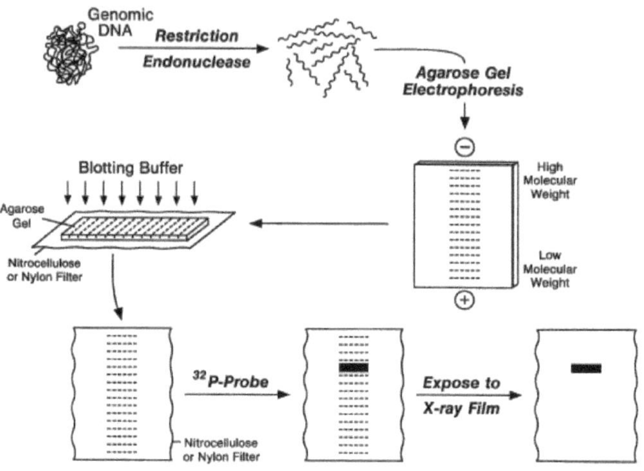

Blotting do Sul

Isto permite aos investigadores identificar a presença e o tamanho dos fragmentos de ADN alvo na amostra. A técnica de Southern blotting é amplamente utilizada em biologia molecular para aplicações como o mapeamento de genes, a identificação de impressões digitais de ADN e a identificação de rearranjos ou mutações de genes.

COLORAÇÃO DO NORTE

O Northern blotting é um método laboratorial utilizado para analisar moléculas de ARN. Inicialmente, o ARN é isolado de uma amostra biológica e separado por tamanho utilizando a eletroforese em gel de formaldeído. Normalmente, as amostras de ARN são separadas em géis de agarose onde o formaldeído serve como agente desnaturante para evitar a formação de estruturas secundárias no ARN. Ao contrário do ADN, o ARN não é sujeito a digestão, uma vez que já é de cadeia simples. O ARN separado é então transferido para uma membrana de suporte sólido e hibridizado com uma sonda de ADN ou ARN marcada que complementa a sequência de ARN alvo. Para a deteção e identificação do ARN, utiliza-se papel DBM (Diazobenziloximetil) em vez de nitrocelulose ou papel de nylon, porque o ARN pode ligar-se facilmente de forma covalente ao DBM. Esta ligação covalente assegura uma transferência eficaz do blot. Esta membrana é subsequentemente exposta a uma sonda de ADN marcada com um marcador radioativo, fluorescente ou químico. Este marcador permite a visualização de quaisquer fragmentos de ARN que contenham sequências complementares à sonda de ADN na mancha de Northern blot.

WESTERN BLOTTING

O western blot, ou western blotting, é uma técnica analítica amplamente utilizada em biologia molecular e imunogenética para detetar proteínas específicas numa amostra de homogenato ou extrato de tecido. Em contrapartida, o Western blotting envolve a eletroforese em gel de polipropileno. O SDS-PAGE é utilizado para separar amostras de proteínas, que são depois transferidas para um suporte sólido, como a nitrocelulose (NC) ou uma membrana de difluoreto de polivinilideno (PVDF) . O suporte sólido absorve as proteínas, mantendo a sua atividade biológica. Este suporte sólido transferido, conhecido como blot, é tratado com uma solução proteica para bloquear os locais de ligação hidrofóbica na membrana. A membrana é então exposta ao anticorpo primário que tem como alvo as proteínas de interesse. Apenas as proteínas alvo se ligam especificamente ao anticorpo primário, formando um complexo antigénio-anticorpo. Após a lavagem do anticorpo primário, apenas permanece a posição da proteína-alvo ligada ao anticorpo primário. A membrana é ainda tratada com um anticorpo secundário marcado, que se liga ao anticorpo primário. Forma-se assim um complexo de anticorpos que indica a localização do anticorpo primário e, consequentemente, a localização da proteína que está a ser estudada.

	COLORAÇÃO A SUL	COLORAÇÃO DO NORTE	WESTERN BLOTTING
MOLÉCULA ALVO	ADN	ARN	Proteína
MEMBRANA MATERIAL	Nylon, membrana de nitrocelulose	Nylon, diazobenziloximetil (DBM)	Nitrocelulose, difluoreto de polivinilideno (PVDF)
SEPARAÇÃO	IDADE	Eletroforese em gel de formaldeído	PÁGINA SDS
PROBES	ADN	cDNA/ARN	Anticorpos
DETECÇÃO	Colorimétrico, Quimiluminiscente, Autoradiografia	Colorimétrico, Quimiluminiscente, Autoradiografia	Colorimétrico, Quimiluminiscente
PRETREATAMENTO	Sim, para digerir ADN ds	Não	

EDIÇÃO DE GENES CRISPR

A edição de genes é um tipo de engenharia genética em que a alteração intencional do ADN é efectuada por inserção, remoção ou modificação em células vivas. As repetições palindrómicas agrupadas regularmente espaçadas (CRISPR)/Cas9 são uma tecnologia inovadora de edição de genes que revolucionou a investigação biomédica. A CRISPR/Cas9 envolve dois componentes essenciais: um RNA guia para corresponder a um gene alvo desejado e a Cas9 (CRISPR-associated protein 9) - uma endonuclease que causa uma quebra de DNA de cadeia dupla, permitindo modificações no genoma. Em 2012, Doudna e Charpentier descobriram que o CRISPR/Cas9 podia ser utilizado para editar qualquer sequência de ADN escolhida, bastando para isso fornecer o modelo adequado. Desde esta descoberta, a CRISPR/Cas9 emergiu como a ferramenta de edição do genoma mais eficaz, eficiente e precisa para utilização em todas as células vivas, tendo sido amplamente adoptada em vários campos de aplicação. Permite uma edição precisa e eficiente do genoma, permitindo aos cientistas corrigir erros genéticos e regular a atividade dos genes em células e organismos com uma rapidez, acessibilidade e facilidade sem precedentes. No laboratório, o CRISPR/Cas9 é utilizado para criar rapidamente modelos celulares e animais para investigação, realizar extensas análises genómicas funcionais para identificar genes cruciais e visualizar a dinâmica do genoma em células vivas. Os sucessos pré-clínicos incluem a reparação de ADN defeituoso em ratos, a cura de doenças genéticas e a modificação de embriões humanos para corrigir anomalias genéticas. Clinicamente, a CRISPR/Cas9 oferece um enorme potencial para a terapia genética no tratamento de doenças genéticas, para o combate a doenças infecciosas como o VIH, visando o ADN viral, e para a engenharia de materiais derivados de doentes para desenvolver terapias personalizadas contra o cancro. Esta tecnologia está a impulsionar grandes avanços na investigação e é promissora para o desenvolvimento de novos tratamentos e curas para inúmeras doenças.

O CRISPR Cas9 é uma tecnologia derivada de um sistema imunitário bacteriano que utiliza uma matriz CRISPR para armazenar segmentos de material genético viral de encontros anteriores. A Cas9, abreviatura de CRISPR-associated protein 9, desempenha um papel crucial neste sistema. As repetições palindrómicas agrupadas regularmente espaçadas (CRISPR) são sequências encontradas nos genomas bacterianos que, juntamente com as proteínas associadas a CRISPR (Cas), fornecem defesa contra vírus invasores. Cas9, uma proteína Cas notável, funciona como uma endonuclease que cliva ambas as fitas de DNA. Este processo é guiado por um segmento de ARN, que pode ser sintetizado como uma única cadeia conhecida como ARN-guia único sintético (sgRNA); este segmento de ARN, que se liga ao ADN genómico, tem 18-20 nucleótidos de comprimento. O ARN-guia é concebido para encontrar e ligar-se a uma sequência específica no ADN. O ARN guia tem bases de ARN que são complementares às da sequência de ADN alvo no genoma. Assim, o ARN guia liga-se apenas à sequência alvo e a nenhuma outra região do genoma. O Cas9 segue o ARN guia até à mesma localização na sequência de ADN e efectua um corte em ambas as cadeias do ADN. Para que a Cas9 corte o ADN, uma sequência específica, denominada motivo adjacente ao protoespaçador (PAM), deve estar presente na extremidade 3' do ARN-guia; a sequência exacta do PAM varia consoante a bactéria que produz a Cas9 e, normalmente, varia entre 2 e 5 nucleótidos. Após a clivagem do ADN, a reparação pode ser efectuada através de duas vias: a junção de extremidades não homólogas, que normalmente resulta em inserções ou deleções aleatórias de ADN, ou a reparação dirigida por homologia, que utiliza um segmento de ADN homólogo como modelo de reparação. Esta última via permite uma edição precisa do genoma através da introdução de um segmento de ADN homólogo com a alteração de sequência pretendida, juntamente com a nuclease Cas9 e o sgRNA, permitindo potencialmente alterações tão específicas como um único par de bases.

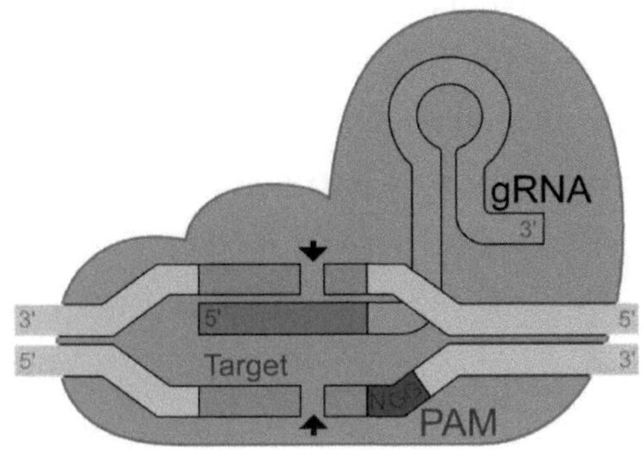

Gene de edição Crisper e Cas 9

Com base na estrutura e nas funções das proteínas Cas, o sistema CRISPR/Cas é classificado em Classe I (tipos I, III e IV) e Classe II (tipos II, V e VI). Os sistemas de classe I são compostos por complexos de proteínas Cas com várias subunidades, enquanto os sistemas de classe II utilizam uma única proteína Cas. Devido à sua estrutura relativamente simples, o sistema CRISPR/Cas9 de tipo II foi objeto de um estudo aprofundado e amplamente aplicado na engenharia genética. Os dois componentes essenciais do sistema CRISPR/Cas9 são o RNA guia (gRNA) e a proteína 9 associada ao CRISPR (Cas9). A proteína Cas9, a primeira proteína Cas utilizada na edição do genoma, foi derivada do Streptococcus pyogenes (SpCas9). Esta endonuclease de ADN multi-domínio de grandes dimensões (1368 aminoácidos) funciona como uma "tesoura genética", clivando o ADN alvo para criar uma quebra de cadeia dupla. A Cas9 é constituída por duas regiões principais: o lóbulo de reconhecimento (REC) e o lóbulo da nuclease (NUC). O lóbulo REC, que inclui os domínios REC1 e REC2, é responsável pela ligação ao ARN guia. O lóbulo NUC inclui os domínios de interação RuvC, HNH e Protospacer Adjacent Motif (PAM). Os domínios RuvC e HNH cortam cada um uma única cadeia do ADN, enquanto o domínio de interação PAM, que assegura a especificidade do PAM, inicia a ligação ao ADN alvo. O ARN-guia é composto por duas partes: RNA CRISPR (crRNA) e RNA CRISPR trans-ativador (tracrRNA). O crRNA, com 18-20 pares de bases de comprimento, especifica o ADN alvo através do emparelhamento com a sequência alvo, enquanto o tracrRNA, uma sequência mais longa com laços, serve de suporte de ligação para a nuclease Cas9. Nos procariotas, o ARN guia tem como alvo o ADN viral. Na edição de genes, pode ser concebido sinteticamente através da combinação de crRNA e tracrRNA num único RNA guia (sgRNA), permitindo a seleção de praticamente qualquer sequência genética para edição.

O mecanismo de edição do genoma CRISPR/Cas9 envolve três passos fundamentais: reconhecimento, clivagem e reparação. Inicialmente, o RNA guia único (sgRNA) concebido identifica a sequência alvo no gene de interesse através do emparelhamento de bases complementares. Um pequeno pedaço de sequência de ARN pré-concebida (com cerca de 20 bases de comprimento) está localizado dentro de um andaime de ARN mais longo. A parte do suporte liga-se ao ADN e este ARNg pré-desenhado "guia" a Cas9 para a parte correcta do genoma. Isto garante que a enzima Cas9 corta no ponto certo do genoma. A proteína Cas-9 permanece inativa na ausência de sgRNA. A nuclease Cas9 induz quebras de cadeia dupla num local três pares de bases a montante do motivo adjacente ao protoespaçador (PAM). A sequência PAM é uma sequência de ADN curta e conservada (2-5 pares de bases de comprimento) localizada a jusante do local de corte, e o seu tamanho varia consoante a espécie bacteriana. A nuclease mais comumente usada na edição do genoma, a proteína Cas9, reconhece a sequência PAM como 5'-NGG-3' (onde N pode ser qualquer base de nucleotídeo). Uma vez que Cas9 identifica um local alvo com o PAM correto, ele inicia a fusão local do DNA e a formação de um híbrido RNA-DNA. Em seguida, a proteína Cas-9 é activada para clivar o ADN. O domínio HNH cliva a cadeia complementar, enquanto o domínio RuvC cliva a cadeia não complementar do ADN alvo para produzir DSBs predominantemente sem ponta. Subsequentemente, os processos naturais de reparação da célula assumem o controlo, utilizando a junção de extremidades não-homólogas (NHEJ) ou a reparação dirigida por homologia (HDR) para reparar a quebra de cadeia dupla.

A junção de extremidades não homólogas (NHEJ) é um mecanismo de reparação de quebras de cadeia dupla (DSB) que envolve a junção enzimática de fragmentos de ADN na ausência de ADN homólogo externo. Funciona durante todo o ciclo celular e é o principal mecanismo de reparação nas células. No entanto, pode introduzir erros devido à sua tendência para causar pequenas inserções ou deleções aleatórias (indels) no local da clivagem, levando potencialmente a mutações de frameshift ou códons de paragem prematuros.

A Reparação Dirigida por Homologia (HDR), por outro lado, é um mecanismo de reparação altamente preciso que requer um molde de ADN homólogo. É mais ativo durante as fases S tardia e G2 do ciclo celular. Na edição de genes baseada em CRISPR, a HDR necessita de uma quantidade significativa de modelos de ADN dador exógeno que contenham a sequência desejada. A HDR consegue uma inserção ou substituição precisa do gene através da incorporação de um modelo de ADN dador com semelhança de sequência no local DSB visado.

Na edição de genes CRISPR/Cas-9, é crucial a entrega segura e eficaz dos componentes nas células. Atualmente, são utilizados três métodos principais: vectores físicos, químicos e virais.

Métodos físicos como a electroporação, a microinjecção e a injeção hidrodinâmica podem administrar complexos CRISPR/Cas-9 diretamente nas células. A electroporação utiliza campos eléctricos para aumentar temporariamente a permeabilidade da membrana, mas pode causar uma morte celular significativa. A microinjecção injeta diretamente os complexos nas células, mas pode danificá-las e é tecnicamente difícil. A injeção hidrodinâmica envolve a injeção rápida de líquido na corrente sanguínea, mas as aplicações clínicas são limitadas devido a potenciais complicações.

Os métodos químicos envolvem nanopartículas à base de lípidos ou de polímeros. As nanopartículas lipídicas utilizam reagentes à base de lipofectamina para encapsular os ácidos nucleicos, facilitando a fusão das membranas para a entrada nas células. As nanopartículas de polímeros, como a polietilenoimina e a poli-L-lisina, entram nas células por endocitose.

Os vectores virais, como os vectores adenovirais (AVs), os vírus adeno-associados (AAVs) e os vectores lentivirais (LVs), são altamente eficientes para a administração in vivo. Os AAV são normalmente utilizados devido à sua baixa imunogenicidade e à sua não integração no genoma do hospedeiro. No entanto, a capacidade limitada de clonagem do vírus e o tamanho da Cas-9 colocam desafios. As estratégias incluem a utilização de variantes mais pequenas do Cas-9, como o SaCas-9, ou a co-transfecção do sgRNA e do Cas-9 em AAVs separados. As vesículas extracelulares (EVs) surgiram como alternativas promissoras para a entrega in vivo, ultrapassando potencialmente as limitações dos métodos virais e não virais.

O CRISPR/Cas-9 emergiu rapidamente como uma ferramenta transformadora com diversas aplicações em vários domínios, incluindo a medicina, a agricultura e a biotecnologia. Eis alguns destaques recentes e investigações em curso nestes domínios:

Terapia génica: O CRISPR/Cas-9 tem um enorme potencial para o tratamento de doenças genéticas através da correção ou modificação de genes defeituosos. Estão em curso ensaios clínicos para doenças como a anemia falciforme (SCD), a β-talassemia, a fibrose cística e a distrofia muscular de Duchenne (DMD). Na SCD, por exemplo, o CRISPR/Cas-9 está a ser utilizado para desativar o gene do linfoma de células B 11A (BCL11A), aumentando assim a produção de hemoglobina fetal e aliviando os sintomas.

Edição de bases: Os recentes avanços na tecnologia CRISPR levaram ao desenvolvimento de editores de bases, como o editor de bases de citosina (CBE) e o editor de bases de adenina (ABE). Estes sistemas permitem alterações precisas de uma única base no genoma sem causar quebras de duplo filamento (DSB), oferecendo potenciais terapias para uma vasta gama de doenças genéticas.

Aplicações terapêuticas: O CRISPR/Cas-9 está a ser explorado na imunoterapia do cancro, com células T modificadas que visam antigénios específicos em doentes com cancro do pulmão refratário. Além disso, o CRISPR/Cas-9 mostra-se promissor no combate a doenças infecciosas como o VIH, quer excisando o vírus das células infectadas, quer modificando os receptores das células hospedeiras para impedir a entrada do vírus.

Melhoria da agricultura: O CRISPR/Cas-9 está a revolucionar a agricultura ao melhorar as características das culturas, como o conteúdo nutricional, a tolerância à seca e a resistência a doenças. Esta tecnologia oferece uma solução sustentável para aumentar a produção de alimentos e enfrentar os desafios globais da segurança alimentar.

Ativação e silenciamento de genes: Para além da edição do genoma, a CRISPR/Cas-9 pode modular a expressão genética activando (CRISPRa) ou reprimindo (CRISPRi) genes específicos. Além disso, as proteínas Cas-9 modificadas podem ser utilizadas para visualizar a localização dos genes nas células, permitindo a marcação e a imagiologia precisas de loci endógenos.

Estes avanços sublinham o imenso potencial do CRISPR/Cas-9 para revolucionar vários domínios e abrir caminho a terapias inovadoras, melhores práticas agrícolas e conhecimentos mais profundos sobre a regulação e a função dos genes.

A tecnologia CRISPR/Cas-9, apesar da sua promessa significativa na edição do genoma, enfrenta vários desafios que devem ser abordados para uma aplicação clínica generalizada. Estes desafios incluem a imunogenicidade, limitações do sistema de entrega, efeitos fora do alvo e considerações éticas.

Imunogenicidade: Os componentes do sistema CRISPR/Cas-9 são derivados de bactérias, o que pode desencadear respostas imunitárias nos organismos hospedeiros. Foram observadas respostas imunitárias humoral (anticorpos anti-Cas-9) e celular (células T anti-Cas-9) pré-existentes em seres humanos saudáveis. A redução da imunogenicidade da proteína Cas-9 é crucial para uma utilização clínica segura e eficaz.

Efeitos fora do alvo: O sgRNA concebido pode potencialmente não coincidir com o ADN não visado, conduzindo a modificações genéticas não intencionais conhecidas como efeitos fora do alvo. Os efeitos fora do alvo podem resultar em eventos nocivos, como mutações, deleções, rearranjos, respostas imunitárias e ativação de oncogenes, limitando a aplicação terapêutica do CRISPR/Cas-9.

Sistema de entrega: A entrega eficiente e segura dos componentes CRISPR/Cas-9 às células-alvo é essencial para o êxito da edição do genoma. Os actuais sistemas de entrega enfrentam desafios para atingir um alvo preciso e minimizar os efeitos fora do alvo, especialmente em aplicações in vivo. A resolução destes desafios será crucial para libertar todo o potencial do CRISPR/Cas-9.

SEQUENCIAÇÃO DE ADN

A disposição exacta dos ácidos nucleicos em cadeias polinucleotídicas contém informação vital para as características hereditárias e bioquímicas da vida na Terra. Por conseguinte, a capacidade de determinar ou deduzir estas sequências é crucial para as investigações biológicas. A sequenciação de ADN é o processo pelo qual se determina a sequência exacta de nucleótidos numa molécula de ADN.

Em 1977, Alan Maxam e Walter Gilbert, bem como Frederick Sanger e colegas, introduziram técnicas pioneiras de sequenciação de ADN. Antes destes avanços, a sequenciação, mesmo de uma curta cadeia de ácido nucleico de 5-10 bases, era uma tarefa difícil e morosa. O desenvolvimento de métodos de síntese de ácidos nucleicos, a descoberta de enzimas de restrição e o aperfeiçoamento de técnicas de eletroforese em gel desempenharam um papel crucial na criação destes métodos inovadores de sequenciação. Apesar de utilizarem abordagens químicas diferentes, os métodos de sequenciação Maxam-Gilbert e Sanger baseiam-se na marcação radioactiva de fragmentos de ADN e na sua visualização através de eletroforese em gel.

Maxam-Gilbert Sequenciação química

No método de sequenciação química de Maxam-Gilbert, os fragmentos de ADN marcados nas suas extremidades 5' são clivados seletivamente em nucleótidos específicos (por exemplo, A e G, G, C e T, ou C), seguindo-se a separação por eletroforese em gel e a deteção por autoradiografia. O ADN é inicialmente marcado, geralmente através da incorporação de P32 radioativo no seu grupo fosfato 5'.

São então utilizados diferentes tratamentos químicos para remover seletivamente a base de uma pequena proporção de sítios de ADN. A hidrazina é utilizada para remover as bases das pirimidinas (citosina e timina), enquanto que, em concentrações elevadas de sal, visa exclusivamente a citosina. O tratamento ácido é utilizado para remover as bases purinas (adenina e guanina), sendo o sulfato de dimetilo especificamente direcionado para as guaninas, embora com um efeito mínimo nas adeninas. Em seguida, a piperidina é utilizada para clivar a espinha dorsal do fosfodiéster no local abásico, resultando em fragmentos de comprimentos variáveis. Estes fragmentos gerados podem então ser visualizados por eletroforese num gel de poliacrilamida de alta resolução. As sequências são determinadas através da interpretação do gel, onde os fragmentos de ADN mais curtos migram mais rapidamente. Os fragmentos separados são então visualizados através de autoradiografia, que capta os sinais radioactivos emitidos pelos fragmentos de ADN marcados. Ao analisar o padrão de bandas na autoradiografia, os investigadores podem deduzir a sequência de bases no fragmento de ADN original. Na sequenciação Maxam-Gilbert, é necessário um passo adicional, ao contrário do que acontece na sequenciação Sangers: a presença de bandas nas pistas de pirimidina ou purina indica a presença de Ts e As, respetivamente, enquanto as bandas duplas nas pistas de G e A + G ou C e C + T significam a presença de Gs e Cs. Apesar da sua complexidade e da necessidade de materiais radioactivos, o método de Maxam-Gilbert constituiu uma ferramenta poderosa para desvendar a informação genética codificada nas moléculas de ADN.

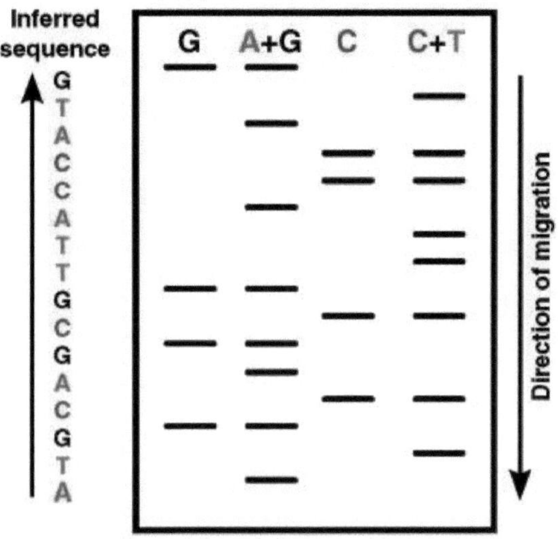

Método de sequenciação de Maxam-Gilbert

Sequenciação Sanger

O avanço fundamental que revolucionou a tecnologia de sequenciação de ADN ocorreu em 1977 com a introdução da técnica de "terminação de cadeias" ou dideoxi de Sanger. Esta técnica baseia-se em análogos químicos conhecidos como dideoxinucleótidos (ddNTPs), que não possuem o grupo hidroxilo 3′ necessário para a extensão da cadeia de ADN.

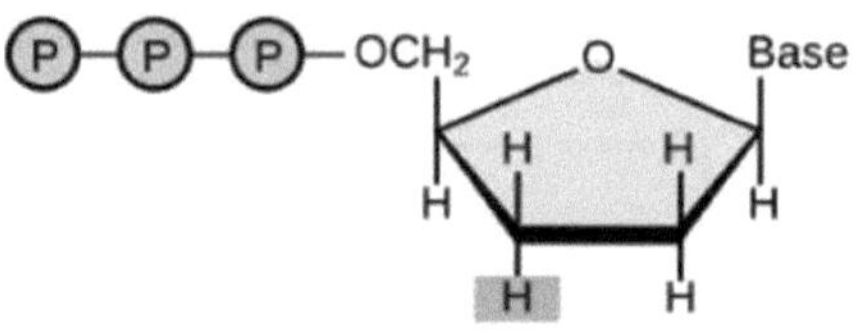

Dideoxynucleotide (ddNTP)

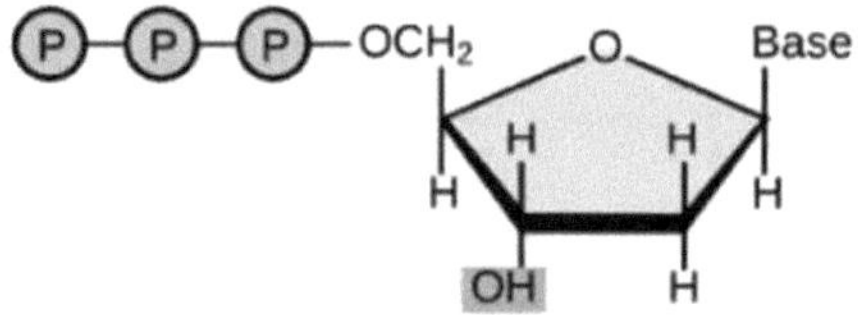

Deoxynucleotide (dNTP)

Nas reacções de polimerização do ADN, os nucleótidos ddNTP marcados radioactivamente ou por fluorescência de um tipo específico são adicionados a baixas concentrações. Quando os ddNTP marcados radioactivamente são incorporados numa reação de extensão do ADN juntamente com desoxirribonucleótidos (dNTP) padrão a uma concentração reduzida, são geradas cadeias de ADN de comprimentos variáveis. Consequentemente, em cada uma das quatro reacções, são produzidos fragmentos de sequência com paragem 3'. Esta paragem ocorre porque um ddNTP é incorporado aleatoriamente numa instância particular dessa base, marcada por caracteres terminais 3' sublinhados. Realizando quatro reacções paralelas, cada uma contendo uma única base ddNTP, e analisando os resultados em pistas separadas de um gel, os investigadores podem deduzir a sequência nucleotídica do modelo original através da deteção de bandas radioactivas correspondentes a cada posição nucleotídica. Esta abordagem, conhecida como sequenciação de Sanger, tornou-se rapidamente o método predominante para a sequenciação de ADN devido à sua precisão, fiabilidade e simplicidade.

Nos anos seguintes, foram introduzidas melhorias nas técnicas de sequenciação Sanger. Estas melhorias incluíram a substituição da radiomarcação por uma deteção baseada em fluorometria, permitindo que as reacções fossem conduzidas num único recipiente em vez de quatro, e avanços nos métodos de deteção utilizando eletroforese capilar.

As máquinas de sequenciação de ADN iniciais produzem leituras com pouco menos de um quilobase (kb) de comprimento. Para analisar fragmentos de ADN mais longos, os investigadores utilizaram métodos como a "sequenciação shotgun", que envolveu a clonagem e a sequenciação de fragmentos de ADN sobrepostos separadamente, reunindo-os depois digitalmente numa única sequência contínua. Avanços como a reação em cadeia da polimerase (PCR) e as tecnologias de ADN recombinante foram fundamentais para a revolução genómica, facilitando a geração de elevadas concentrações de ADN puro necessárias para a sequenciação. Juntamente com o avanço dos esforços de sequenciação extensiva de didesoxi, surgiram novas técnicas que abriram caminho para a fase inicial da próxima geração de sequenciadores de ADN.

A sequenciação de nova geração (NGS) representa um salto significativo na tecnologia de sequenciação de ADN, revolucionando o campo com as suas capacidades de elevado rendimento e rentabilidade. Esta tecnologia integra as vantagens de processos químicos de sequenciação distintos, diversas plataformas de sequenciação e bioinformática avançada. Esta fusão permite a sequenciação de alto rendimento de sequências de ADN ou ARN de vários comprimentos, incluindo genomas completos, num período de tempo consideravelmente mais curto. Representa uma inovação de sequenciação pioneira após a era da sequenciação Sanger. Ao contrário da sequenciação Sanger tradicional, que se baseia em métodos laboriosos baseados em gel, as plataformas NGS permitem a sequenciação simultânea de milhões de fragmentos de ADN em paralelo. A sequenciação de nova geração (NGS) é uma nova tecnologia utilizada para a sequenciação de ADN e ARN e para a deteção de variantes/mutações. A NGS pode sequenciar centenas e milhares de genes ou todo o genoma num curto espaço de tempo. Esta abordagem de sequenciação maciçamente paralela reduziu drasticamente os tempos e os custos de sequenciação, tornando os projectos genómicos em grande escala viáveis para investigadores de vários domínios, desde a genómica e a medicina personalizada até à agricultura e às ciências ambientais.

A pirosequenciação, desenvolvida no final da década de 1990, foi uma das primeiras tecnologias de sequenciação de nova geração. Detecta a libertação de pirofosfato durante a incorporação de nucleótidos, gerando sinais luminosos. As suas vantagens incluem a sequenciação em tempo real e um processamento relativamente rápido em comparação com a sequenciação Sanger, mas tem comprimentos de leitura limitados e custos mais elevados devido à necessidade de enzimas e reagentes especializados.

A sequenciação Illumina, introduzida em 2006, utiliza nucleótidos marcados com fluorescência e deteção ótica para a sequenciação. É conhecida pela sua elevada precisão, baixas taxas de erro e rendimento extremamente elevado, o que a torna adequada para projectos de grande escala. No entanto, geralmente produz comprimentos de leitura mais curtos e requer uma preparação de biblioteca e análise de dados mais complexas.

O Ion Torrent, introduzido em 2010, detecta os iões de hidrogénio libertados durante a incorporação de nucleótidos, traduzindo as alterações de pH em dados digitais. Oferece vantagens em termos de rapidez e rentabilidade devido ao seu processo de deteção simplificado e à sua escalabilidade. As suas principais desvantagens são comprimentos de leitura mais curtos e menor precisão em regiões de homopolímeros.

A sequenciação por nanoporos, desenvolvida no início da década de 2010, envolve a passagem de moléculas de ADN através de nanoporos e a deteção de alterações na condutividade eléctrica. Permite comprimentos de leitura muito longos e portabilidade, fornecendo dados em tempo real. No entanto, apresenta taxas de erro mais elevadas do que outras tecnologias e um rendimento inferior.

Embora a pirosequenciação tenha lançado as bases, a Illumina é amplamente considerada como a melhor tecnologia global devido à sua exatidão e eficiência, embora a escolha da tecnologia deva basear-se nas necessidades específicas da investigação.

Pirossequenciação

A pirosequenciação baseia-se na deteção da libertação de pirofosfato (PPi) quando os nucleótidos são incorporados numa cadeia de ADN. À medida que cada nucleótido é adicionado, uma enzima diferente gera luz em proporção ao número de nucleótidos incorporados, permitindo a sequenciação. As etapas da pirosequenciação incluem o seguinte:

Etapa 1: Fragmentação e preparação do ADN

O ADN a ser sequenciado é dividido em fragmentos de aproximadamente 100 pares de bases de ADN de cadeia simples. É então realizada uma reação em cadeia da polimerase (PCR) para criar milhões de cópias idênticas de cada fragmento de ADN. Estas cópias são distribuídas por milhares de poços, sendo que cada poço contém apenas um tipo de fragmento de ADN.

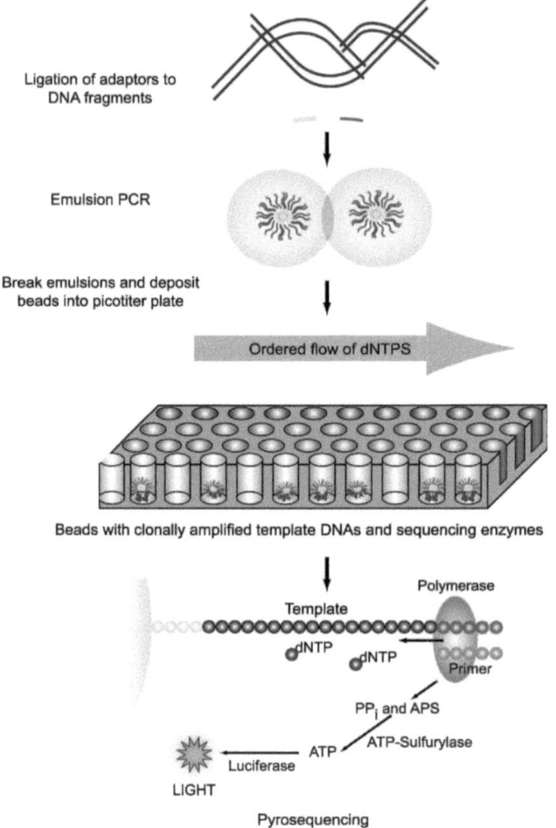

Etapa 2: Incubação da enzima e do substrato

Os fragmentos de ADN são incubados com as enzimas ADN polimerase, ATP sulfurilase e apirase, juntamente com substratos de adenosina 5' fosfosulfato e luciferina.

Etapa 3: Adição de nucleótidos e libertação de pirofosfato

Um dos quatro tipos de nucleótidos é adicionado aos poços. A ADN polimerase incorpora o nucleótido no molde de ADN de cadeia simples na extremidade 3', libertando pirofosfato.

Pyrosequencing

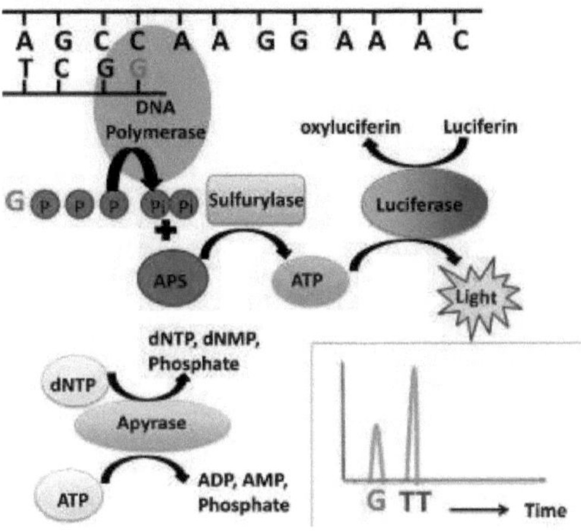

Etapa 4: Geração de ATP e emissão de luz

A ATP sulfurilase converte o pirofosfato em adenosina trifosfato (ATP) na presença de adenosina 5' fosfosulfato. O ATP participa na conversão da luciferina em oxiluciferina mediada pela luciferase, emitindo uma luz proporcional à quantidade de ATP envolvida na conversão. Esta luz é detectada por um sensor.

Etapa 5: Degradação e ciclos de repetição

Os nucleótidos não utilizados e o ATP são degradados pela apirase, permitindo que a reação se reinicie com outro nucleótido. Este ciclo é repetido, adicionando cada nucleótido sequencialmente até a síntese estar completa.

Passo 6: Deteção de luz e identificação de nucleótidos

O detetor mede a intensidade da luz emitida, que é utilizada para determinar o número e o tipo de nucleótidos adicionados. Por exemplo, se três nucleótidos de citosina forem adicionados consecutivamente ao mesmo fragmento de ADN, a luz emitida será três vezes mais intensa do que a de um fragmento com apenas um nucleótido de citosina. Se não for emitida luz após a adição de uma citosina, a base complementar seguinte no molde de ADN de cadeia simples deve ser um dos outros três nucleótidos.

Para evitar falsos sinais de reacções precoces com luciferase, o trifosfato de desoxiadenosina (A) é substituído por trifosfato de desoxiadenosina α-tio. O método está limitado à sequenciação de cerca de 300-500 pares de bases nucleotídicas, em comparação com os comprimentos superiores a 1000 pares de bases que podem ser obtidos com a sequenciação Sanger. No entanto, a pirosequenciação é menos dispendiosa e está disponível comercialmente.

Sequenciação Illumina

Este método utiliza nucleótidos marcados com fluorescência para sequenciar o ADN. Fragmentos de ADN são ligados a uma superfície e amplificados para criar clusters. Cada cluster é submetido a sequenciação por síntese, em que os nucleótidos são adicionados um a um e os sinais fluorescentes são detectados para determinar a sequência.

A técnica de sequenciação de nova geração (NGS) da Illumina baseia-se na sequenciação por síntese (SBS) e utiliza corantes-terminadores reversíveis, que permitem a identificação de bases individuais à medida que estas são incorporadas nas cadeias de ADN. Teoricamente, a tecnologia NGS da Illumina partilha semelhanças com a sequenciação Sanger. No processo de sequenciação por síntese cíclica de ADN, a ADN polimerase facilita a incorporação de trifosfatos de desoxirribonucleótidos (dNTPs) marcados com fluorescência numa cadeia de ADN modelo. Cada ciclo permite a identificação do nucleótido através da excitação da fluorescência. Ao contrário da sequenciação Sanger, que sequencia todo o segmento de ADN completo, a NGS transformou o processo ao permitir a sequenciação paralela de elevado rendimento. O fluxo de trabalho de NGS da Illumina inclui as seguintes etapas:

Etapa 1: Preparação da biblioteca

O ADN genómico é fragmentado em pedaços com 200-500 pares de bases de comprimento através de fragmentação ultra-sónica. Os adaptadores são adicionados às extremidades 5' e 3' destes fragmentos. Um processo designado por "marcação" combina a fragmentação e a ligação num único passo, melhorando significativamente a eficiência da preparação da biblioteca. Os fragmentos ligados ao adaptador são depois amplificados por PCR e purificados por eletroforese em gel, resultando na construção da biblioteca de sequenciação.

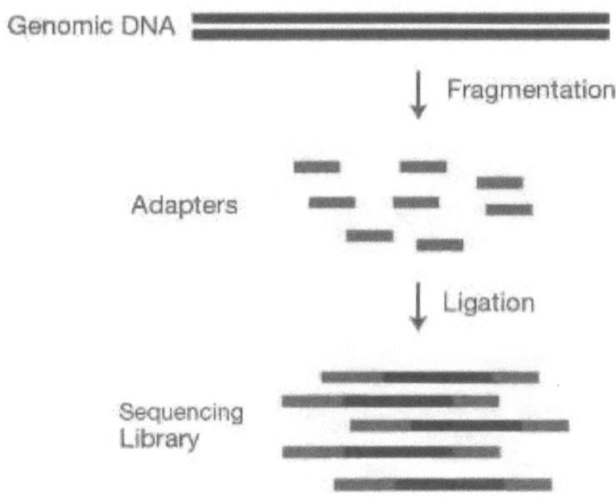

Passo 2: Geração de clusters

A célula de fluxo, que funciona como um recipiente do reator de sequenciação central, é um canal concebido para capturar fragmentos de ADN móveis. Toda a sequenciação tem lugar dentro da célula de fluxo. Os fragmentos de ADN da biblioteca de sequenciação ligam-se aleatoriamente às pistas na superfície da célula de fluxo à medida que passam. Cada lâmina de fluxo contém oito pistas, cada uma delas revestida com adaptadores que complementam os adicionados aos fragmentos de ADN durante a preparação da biblioteca. Isto permite que os fragmentos de ADN adiram à lâmina de fluxo e apoia o processo de amplificação conhecido como PCR em ponte na superfície do ADN.

Teoricamente, estas pistas funcionam de forma independente, sem interferência mútua. A reação em cadeia da polimerase (PCR)/amplificação em ponte é uma versão modificada do método comummente conhecido que permite a amplificação localizada in situ do ADN alvo utilizando um suporte sólido. A PCR em ponte é uma combinação de dois processos: em primeiro lugar, duas sequências modelo são recombinadas e, em segundo lugar, os modelos recombinantes são amplificados.

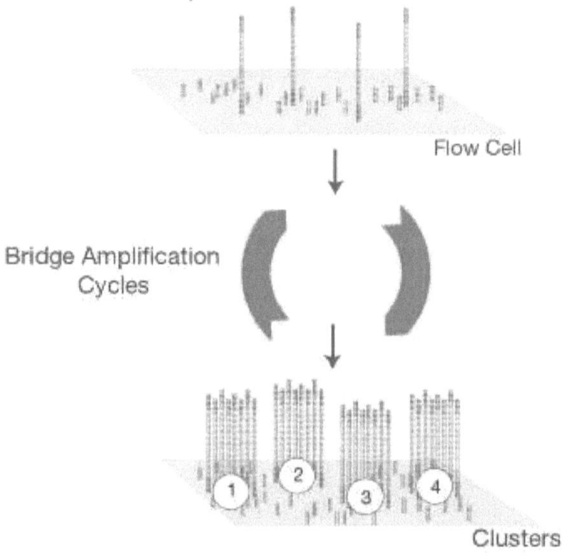

A biblioteca é carregada numa célula de fluxo, os fragmentos são hibridizados com a superfície da célula de fluxo. Através da amplificação em ponte, cada fragmento ligado é amplificado num cluster clonal.

A PCR em ponte utiliza os adaptadores na superfície da lâmina de fluxo como modelos. Através de ciclos repetidos de amplificação e mutação, cada fragmento de ADN forma clusters de muitas cópias nos respectivos locais. Estes clusters consistem em múltiplas cópias de um único modelo de ADN.

O objetivo da geração de clusters é amplificar a intensidade do sinal de cada base para cumprir os requisitos para a sequenciação. Uma vez concluído este processo, os modelos estão prontos para a sequenciação.

Etapa 3: Sequenciamento

O processo de sequenciação utiliza a sequenciação por síntese (SBS). São adicionados ao sistema de reação a ADN polimerase, os iniciadores de ligação e quatro dNTPs com marcadores fluorescentes específicos da base. O grupo 3'-OH destes dNTPs está quimicamente protegido para garantir que apenas uma base é incorporada de cada vez durante a sequenciação. Após a conclusão da reação de síntese, os dNTPs e a DNA polimerase não utilizados são lavados. De seguida, é adicionada uma solução tampão necessária para a excitação da fluorescência. O sinal fluorescente é excitado por um laser e registado por equipamento ótico.

O sinal ótico é então convertido em dados de sequenciação através de análise informática. Após o registo do sinal de fluorescência, é adicionado um reagente químico para extinguir a fluorescência e remover o grupo protetor 3'-OH dos dNTPs, permitindo a continuação da próxima ronda da reação de sequenciação.

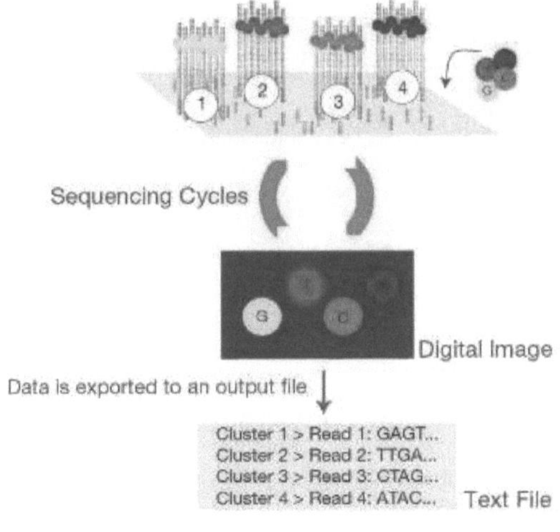

São adicionados nucleótidos marcados fluorescentemente e a primeira base é incorporada. A célula de fluxo é visualizada e a emissão de cada cluster é registada. O comprimento de onda e a intensidade da emissão são utilizados para identificar a base. O ciclo é repetido n vezes para criar um comprimento de leitura de n bases.

Etapa 4: Alinhamento e análise de dados

As leituras de sequências recentemente identificadas são alinhadas com um genoma de referência. Após o alinhamento, podem ser efectuadas várias análises bioinformáticas, incluindo a identificação de SNP/InDel/SV/CNV, anotação e análise estatística, análise de enriquecimento de vias, análise genética de populações, etc.

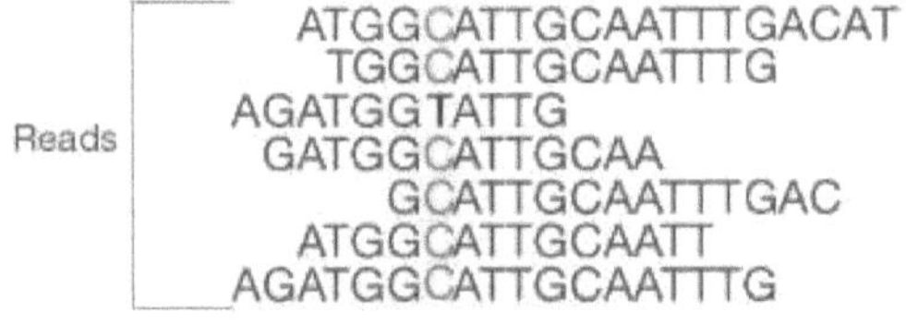

Sequenciação por síntese (SBS): Este método envolve a adição repetida de nucleótidos a uma cadeia de ADN em crescimento, sendo cada adição detectada e registada. Várias técnicas, incluindo a sequenciação Illumina, utilizam a sequenciação por síntese.

Torrente de iões

A tecnologia Ion Torrent revoluciona a sequenciação de ADN ao aproveitar o subproduto natural da incorporação de nucleótidos - a libertação de iões de hidrogénio - para traduzir diretamente a informação genética em dados digitais. Quando um nucleótido (A, C, G ou T) é incorporado numa cadeia de ADN por uma polimerase de ADN, é libertado um ião de hidrogénio (H+) como subproduto. A libertação de iões de hidrogénio provoca uma alteração no pH da solução que envolve o ADN.

O sistema Ion Torrent utiliza um chip semicondutor incorporado com sensores de iões patenteados. Estes sensores foram concebidos para detetar as alterações no pH causadas pela libertação de iões de hidrogénio. O chip semicondutor funciona como um medidor de pH de estado sólido, detectando alterações mínimas na concentração de iões. A alteração do pH, correspondente à libertação de iões de hidrogénio, gera uma alteração de tensão. Esta alteração de tensão é diretamente proporcional ao número de nucleótidos incorporados. O chip regista esta alteração como informação digital (0s e 1s), traduzindo efetivamente a sequência de nucleótidos em dados digitais.

O processo de sequenciação envolve inundar sequencialmente o chip com um tipo de nucleótido de cada vez. Se o nucleótido introduzido corresponder à base seguinte na cadeia de ADN que está a ser sequenciada, é incorporado e é libertado um ião de hidrogénio, levando a uma alteração de pH detetável. Se o nucleótido não corresponder, não ocorre qualquer incorporação e não é detectada qualquer alteração de pH. Este método evita a necessidade de sistemas ópticos complexos, como câmaras ou digitalização, tornando o processo de deteção mais simples.

A tecnologia Ion Torrent oferece várias vantagens. Acelera o processo de sequenciação, registando cada incorporação de nucleótidos em tempo real. O custo da sequenciação é reduzido através da simplificação do processo de deteção e da utilização de materiais menos dispendiosos. Além disso, o sistema pode ser escalado de forma eficiente através do aumento da densidade de sensores no chip, permitindo uma sequenciação de maior rendimento. Ao transformar a informação química das sequências de ADN diretamente em dados digitais, a tecnologia Ion Torrent proporciona uma abordagem mais rápida, mais simples e mais rentável à sequenciação de nova geração, tornando-a uma ferramenta valiosa para uma vasta gama de aplicações genómicas.

Sequenciação por nanoporos

A sequenciação por nanoporos representa uma tecnologia robusta no domínio da sequenciação de ADN, produzindo dados de sequenciação de leitura incrivelmente longa de forma muito mais barata e rápida do que era possível anteriormente. Uma das principais vantagens da sequenciação por nanoporos é a capacidade de produzir leituras ultra-longas, tendo sido alcançados comprimentos de leitura superiores a 2 Mb. Todos os dispositivos de sequenciação Oxford Nanopore utilizam células de fluxo que contêm um conjunto de minúsculos orifícios - nanoporos - incorporados numa membrana electro-resistente. Cada nanoporo corresponde ao seu próprio elétrodo ligado a um chip de canal e sensor, que mede a corrente eléctrica que flui através do nanoporo. Na sequenciação por nanoporos, uma cadeia de ADN passa através de um nanoporo, que é um pequeno orifício numa membrana. À medida que o ADN se move através do n a n o p o r o , provoca perturbações numa corrente iónica, que são medidas e interpretadas para determinar a sequência de ADN. As biomoléculas com carga negativa, como o ADN, podem ser colocadas no lado da frente e estas moléculas podem passar através dos poros da membrana sob a força electroforética da tensão aplicada. Este método pode proporcionar uma sequenciação de leitura longa e é conhecido pela sua portabilidade e capacidade de análise em tempo real.

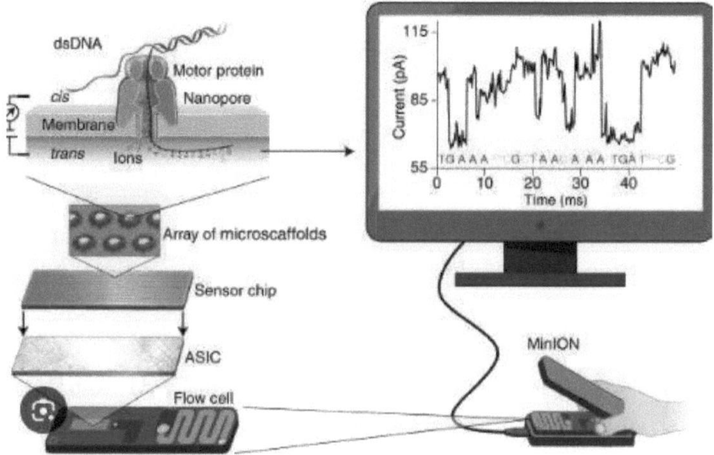

Os dados gerados pelas plataformas NGS são vastos e complexos, exigindo ferramentas bioinformáticas sofisticadas e análises computacionais para uma interpretação exacta. Estas ferramentas facilitam tarefas como o alinhamento de leituras, a identificação de variantes e a montagem de novo, permitindo aos investigadores extrair conhecimentos biológicos significativos a partir de dados de sequenciação em bruto. Além disso, a NGS expandiu-se para além da sequenciação de ADN para abranger outras aplicações, incluindo a sequenciação de ARN (RNA-Seq), a sequenciação de bissulfito do genoma completo (WGBS) para análise da metilação do ADN e a sequenciação por imunoprecipitação da cromatina (ChIP-Seq) para estudar as interacções proteína-ADN. A NGS catalisou descobertas inovadoras no domínio da genética e da biologia molecular, facilitando os estudos de associação de todo o genoma (GWAS), elucidando a base genética das doenças, descobrindo a diversidade microbiana e fazendo avançar a nossa compreensão dos processos evolutivos. À medida que as tecnologias NGS continuam a evoluir, com melhorias nos comprimentos de leitura, na precisão da sequenciação e no rendimento, são imensamente promissoras para impulsionar a inovação e acelerar o progresso na genómica e em domínios relacionados.

A tecnologia NGS tornou-se indispensável em contextos clínicos, particularmente nos cuidados a doentes com cancro. Os ensaios moleculares tradicionais requerem frequentemente vários testes para a deteção de várias mutações, exigindo amostras de tecido maiores e um maior tempo de execução. Em contrapartida, a NGS permite a interrogação de numerosos alvos em simultâneo, obtendo resultados abrangentes a partir de um único teste. Esta capacidade é crucial na identificação de múltiplas mutações nos tumores, essencial para um diagnóstico e decisões de tratamento exactos.

No domínio dos cuidados oncológicos, a compreensão da complexidade da doença evoluiu com o reconhecimento da evolução clonal e da heterogeneidade das mutações tumorais. A existência de múltiplas mutações num tumor ou nas suas metástases exige a realização de testes exaustivos para estratégias de tratamento personalizadas. Além disso, o aparecimento da imunoterapia realça a importância da avaliação da carga de mutação tumoral, aumentando ainda mais a necessidade de testes moleculares abrangentes.

A tecnologia NGS oferece vários níveis de sequenciação, desde a sequenciação do genoma completo até à sequenciação de painéis específicos. Enquanto a sequenciação do genoma completo proporciona uma visão abrangente, os painéis direccionados oferecem uma cobertura mais profunda, essencial para a deteção de mutações com frequências alélicas variáveis. A seleção de genes-alvo para ensaios de NGS envolve uma análise meticulosa das orientações relativas às doenças, da revisão da literatura e do feedback dos médicos para garantir a relevância clínica.

A escolha do método NGS e do tipo de amostra adequados aumenta ainda mais a eficácia do ensaio. A interpretação dos resultados de NGS continua a ser um desafio devido ao vasto número de variantes detectadas. Exige o cumprimento das directrizes, a monitorização contínua dos parâmetros de qualidade e a manutenção a par dos avanços científicos.

Para além do diagnóstico, o NGS desempenha um papel fundamental na identificação de alvos de mutação para terapias orientadas e na avaliação dos riscos de cancro hereditário. Facilita a deteção do peso das mutações tumorais, da instabilidade dos microssatélites e das variantes no ADN circulante sem células, normalmente conhecido como "biópsia líquida". Esta abordagem não invasiva oferece informações sobre a genética do tumor, ajudando nas decisões de tratamento, especialmente em tumores em que as biópsias tradicionais são difíceis.

Em resumo, a tecnologia NGS revolucionou a medicina personalizada, fornecendo informações moleculares abrangentes, cruciais para um diagnóstico preciso, seleção de tratamentos e gestão de doentes em vários cenários clínicos.

CONCLUSÃO

As técnicas básicas em biologia molecular são ferramentas fundamentais utilizadas para estudar a estrutura, a função e as interacções das moléculas biológicas. Estas técnicas abrangem o isolamento de ADN, o isolamento de ARN, a reação em cadeia da polimerase (PCR), as técnicas de blotting, as técnicas de sequenciação e a sequenciação de nova geração (NGS), cada uma com diversas aplicações na investigação científica e no diagnóstico médico.

O isolamento de ADN é um processo fundamental que envolve a extração de ADN genómico de amostras biológicas, como células, tecidos ou organismos. Esta técnica é indispensável em várias aplicações, incluindo a análise genética, a clonagem de genes, os estudos forenses e a engenharia genética. O isolamento de ARN permite aos investigadores extrair moléculas de ARN de amostras biológicas, possibilitando o estudo da expressão genética, do processamento de ARN e de terapêuticas baseadas em ARN. As aplicações do isolamento de ARN incluem a análise da expressão genética, a quantificação de ARNm e a caraterização de microARN. A PCR é uma técnica revolucionária que amplifica sequências de ADN específicas, o que a torna uma ferramenta poderosa na investigação e diagnóstico em biologia molecular. Diferentes tipos de PCR, como a PCR convencional, a PCR quantitativa (qPCR) e a PCR de transcrição reversa (RT-PCR), encontram aplicações na análise da expressão genética, deteção de mutações, identificação de agentes patogénicos e sequenciação de ADN. As técnicas de blotting, incluindo Southern blotting, Northern blotting e Western blotting, são utilizadas para detetar moléculas específicas de ácidos nucleicos ou proteínas em amostras biológicas complexas. Estas técnicas são essenciais no mapeamento de genes, na análise da expressão genética, na deteção de proteínas e no diagnóstico molecular.

As técnicas de sequenciação desempenham um papel crucial na descodificação da informação genética codificada nas moléculas de ADN. A sequenciação

Sanger tradicional permite a sequenciação exacta de fragmentos de ADN, enquanto as tecnologias NGS permitem a sequenciação paralela maciça e de elevado rendimento de genomas inteiros ou de regiões específicas. As tecnologias de sequenciação de nova geração, incluindo a sequenciação Ion Torrent, Pyrosequencing, Nanopore e Illumina, oferecem vantagens e desvantagens únicas. A Ion Torrent detecta os iões de hidrogénio libertados durante a incorporação de nucleótidos, oferecendo rapidez e rentabilidade, mas com comprimentos de leitura mais curtos e menor precisão nas regiões de homopolímeros. A pirosequenciação, introduzida no final dos anos 90, utiliza a libertação de pirofosfato para gerar sinais luminosos para a sequenciação, fornecendo dados em tempo real, mas com um comprimento de leitura limitado e custos mais elevados. A sequenciação por nanoporos passa o ADN através de nanoporos, permitindo leituras muito longas e portabilidade, embora apresente taxas de erro mais elevadas e um rendimento inferior. A sequenciação Illumina, introduzida em 2006, utiliza nucleótidos marcados com fluorescência para uma elevada precisão e rendimento, embora com comprimentos de leitura mais curtos e processos mais complexos. Embora a Illumina seja amplamente considerada como a melhor pela sua precisão e eficiência, a escolha da tecnologia depende das necessidades específicas do projeto. As técnicas de sequenciação são aplicadas na análise do genoma, no diagnóstico de doenças genéticas, em estudos de diversidade microbiana e na biologia evolutiva. A NGS revolucionou a investigação em biologia molecular ao permitir uma análise exaustiva da estrutura, função e variação do genoma. As suas aplicações abrangem diversos domínios, incluindo a genómica do cancro, a investigação de doenças infecciosas, a medicina personalizada e os estudos evolutivos. O NGS facilita a identificação de biomarcadores de doenças, alvos terapêuticos e indicadores de prognóstico, impulsionando os avanços na medicina de precisão e na medicina genómica.

Em resumo, as técnicas básicas de biologia molecular constituem a pedra angular da investigação e do diagnóstico biológicos modernos. Estas técnicas, incluindo o isolamento de ADN e ARN, PCR, técnicas de blotting, sequenciação e NGS, são ferramentas essenciais para estudar processos biológicos, compreender os mecanismos das doenças e desenvolver novas terapêuticas.

REFERÊNCIAS

Asmamaw M, Zawdie B. 2021. Mecanismo e aplicações da edição do genoma mediada por CRISPR/Cas-9. Biologics. 15:353-361.

Cathleen A. Hanlon, Susan A. Nadin-Davis. 2013. Diagnóstico laboratorial da raiva na raiva (terceira edição).

Doyle, J.J. e Doyle, J.L. 1990. Um procedimento rápido de preparação de DNA total para tecido vegetal fresco. Focus, 12:13-15.

Green MR, Sambrook J. 2018. Reação em cadeia da polimerase (PCR) de toque. Cold Spring Harb Protoc. (5). PMID: 29717053.

Gupta N. 2019. Extração de ADN e Reação em Cadeia da Polimerase. J Cytol. 36 (2):116-117.

Heather JM, Chain B. 2016. A sequência de sequenciadores: A história do sequenciamento de DNA. Genómica. 107(1):1-8.

Kurien BT, Scofield RH. Western blotting: uma introdução. Methods Mol Biol. 2015;1312:17-30. doi: 10.1007/978-1-4939-2694-7_5. PMID: 26043986; PMCID: PMC7304528.

Netzer, KO. (1999). Métodos de Hibridação (Southern e Northern Blotting). In: Hildebrandt, F., Igarashi, P. (eds) Techniques in Molecular Medicine. Springer Lab Manual. Springer, Berlim, Heidelberg.

Qin D. 2019. Sequenciamento de próxima geração e sua aplicação clínica. Cancer Biol Med. 1:4-10.

Redman M, King A, Watson C, King D. 2016. O que é o CRISPR/Cas9? Arch Dis Child Educ Pract Ed. 101(4):213-5.

AS IMAGENS DO LIVRO FORAM RETIRADAS DAS SEGUINTES REFERÊNCIAS:

Green MR, Sambrook J. Nested Polymerase Chain Reaction (PCR). Cold Spring Harb Protoc. 2019 Feb 1;2019(2).

Sharma, N., Tiwari, S. (2022). Técnicas de Genética Molecular. In: Kar, D., Sarkar, S. (eds) Genetics Fundamentals Notes. Springer, Singapura.

Siqueira JF Jr, Fouad AF, Rôças IN. O pirosequenciamento como ferramenta para melhor compreensão do microbioma humano. J Oral Microbiol. 2012;4.

UCD Centre for Food Safety, Dublin, Irlanda; Van Hoorde K, Butler F. Utilização da sequenciação de nova geração na avaliação do risco microbiano. EFSA J. 2018 Aug 27;16(Suppl 1):e16086.

Wang, Y., Zhao, Y., Bollas, A. *et al.* Nanopore sequencing technology, bioinformatics and applications. *Nat Biotechnol* **39**, 1348-1365 (2021). https://www.linkedin.com/pulse/pyrosequencing-market-recent-trends-competitive-2030-gayatri-belhekar

https://www.ibl-america.com/blog/trends-in-gene-therapy/

https://www.biorender.com/template/cdna-synthesis

https://www.biorender.com/template/polymerase-chain-reaction-pcr

Buy your books fast and straightforward online - at one of world's fastest growing online book stores! Environmentally sound due to Print-on-Demand technologies.

Buy your books online at
www.morebooks.shop

Compre os seus livros mais rápido e diretamente na internet, em uma das livrarias on-line com o maior crescimento no mundo! Produção que protege o meio ambiente através das tecnologias de impressão sob demanda.

Compre os seus livros on-line em
www.morebooks.shop

Printed by Books on Demand GmbH, Norderstedt / Germany